山岳

Martin F. Price 著

渡辺 悌二・上野 健一 訳

SCIENCE PALETTE

丸善出版

Mountains

First Edition

A Very Short Introduction

by

Martin F. Price

Copyright © Martin F. Price 2015

All rights reserved. No part of this book may be reproduced or transmitted in any form or by any means, electronic or mechanical, including photocopying, recording or by any information storage retrieval system, without the prior written permission of the copyright owner.

"Mountains : A Very Short Introduction, First Edition" was originally published in English in 2015. This translation is published by arrangement with Oxford University Press. Maruzen Publishing Co., Ltd. is solely responsible for this translation from the original work and Oxford University Press shall have no liability for any errors, omissions or inaccuracies or ambiguities in such translation or for any losses caused by reliance thereon.
Japanese Copyright © 2017 by Maruzen Publishing Co., Ltd.
本書は Oxford University Press の正式翻訳許可を得たものである．

Printed in Japan

まえがき

　5歳の時，両親に連れられて北ウェールズ地方を訪れ，さらにその後，スイス・アルプスを訪問するようになってから，山は私の人生の重要な一部を占めるようになりました．モルテラッチ氷河末端の青氷の下に立った時をいまでも思い出します．50年後に同じ谷を訪問してみると，氷河が1キロメートル以上も後退していました．以前に氷河の末端であったところには，私より背の高い木々が成長していました．美しい谷の，何かが違っていました．この半世紀でどれほどの変化がこの山岳地域で起こったのでしょうか．

　20歳になるまで私の山への興味はおもに登山でした．大学卒業後は山そのものが自分の専門であると意識するようになり，一方の私生活でも山は欠かせない楽しみの一つでした．山岳と愛を分かち合うことは，妻のランディーを一緒に山へ連れ出す一つの理由でもあったのです．科学者としての最初の興味は山の環境にありました．しかし，すぐに「山の環境課題」とは人間がいかに山岳環境とかかわりあうか，ということであると気がつきました．山に関係した多くの課題解決

には学際的な考え方を必要とするのです．コロラド州ボルダーで博士号を取得後，私は気候変化の人的側面に関する理解を重要視するようになりました．しかし，すぐに山岳そのものに視点を戻し，1992年のリオでの地球サミット開催に向けたアジェンダ21に山岳の章を準備する作業にとりかかりました．それ以降，私は多くの山に関する先導的プロジェクトであったマウンテン・イニシアチブにかかわり，その結果，多くの山岳域を旅行する機会に恵まれました．各地の驚くべき景観を眼前にし，あらゆる天候を体験し，多くの賢く献身的な人々に会い，山岳文化のさまざまな様相を楽しみました．特に食べ物は，山で食べるほうがおいしく感じるものです．多くの国際機関でも働き，課題を進展させるための挑戦を数多く経験しました．時として徐々にしか進行しないこともありますが，たとえレトリックであっても共同作業や理解におけるブレークスルーがある場合，大きな価値が生まれるものです．これはお互いに共通の興味を認識することから生じる場合が多く，会合を度々開いたり，本を編集したり，講演をしたり，異なるメディアのために物書きをすることによって，知識を共有することが私の人生でますます重要となっています．とても複雑な相互作用をもつ山岳環境と，そこに住む人々を理解しようとすることは，とりもなおさず私にとっての絶え間ない挑戦なのです．科学者と政策立案者が一緒に働き，現地の人々と一緒に建設的な相互関係をもち続けることができるとすれば，得た知識を共有し行動することで，山岳域で生活する数百万の人々のみならず，たとえ自覚していなくても，実はなにがしかの方法で彼らから影響を受けて

いる大勢の人々の利益となり得るに違いありません．

(M. F. Price)

目　次

1　問題提起　なぜ，山が問題なのか　1
　　山の定義／歴史的な視点／地球規模で見た山の重要性

2　山は永遠のものではない　25
　　「もろもろの山と丘とは低くせられ」（イザヤ書第40章）／災害の多い景観／山を採掘する

3　世界の給水塔　45
　　山で水を収穫しよう／水がもたらすエネルギー／利益を共有し危険を回避するために

4　垂直の世界に生きる　59
　　森林限界以上での暮らし／山の森林／谷底と農業／山岳集落

5　多様性の宝庫　91
　　生物多様性のホットスポット／生物多様性がもたらす確かな利益／山岳の文化

6　保護地域とツーリズム　107
　　保護地域／人と保護地域／ツーリズムの主役としての山／有益な影響と害のある影響

7　山岳域の気候変化　　137

　　気候変化の痕跡／山岳気候の変化／生態系への影響／課題と挑戦／不確実な将来のためのパートナーシップ

参考文献　　161

図の出典　　167

訳者あとがき　　169

索　引　　173

第1章

問題提起　なぜ,山が問題なのか

山の定義

　山は,赤道から両極近くに至るまで,すべての大陸に存在しています.ケニア山は赤道にまたがっており,エクアドルの首都キトに隣接するピチンチャ活火山は赤道のすぐ北にあります.南極のクイーンモード山脈は南緯85度を超えて存在しており,その最高峰は4320メートルのカプラン山です.北極域では,山岳的な地形をした島であるグリーンランドやエルズミーア島が北緯83度を超えたところにまで広がっています.では,山とはどのようなものなのでしょうか.誰もがケニア山やピチンチャ山,カプラン山が山であることには異論はないでしょうし,エベレストやマッターホルン,富士山といった有名なピーク(山頂)についても同じでしょう.しかし,山のことを言う前に丘とはどれくらいの高さを必要

としているのでしょうか．オランダの最高地点はヴァールスエルベルフで，それはヴァールス山地と訳すことができますが，その標高は 323 メートルです．アメリカ合衆国，フロリダ州のアイロン山は標高 100 メートルです．すべての山には頂がありますが，山頂とよばれるにはどれくらいの高さが必要なのでしょうか．標高は，山を決める基準にはなりません．

　山岳地域を歩いたことのある人なら誰でも知っているように，山には登り下りがあります．山を登るのはたいへんですよね！　言い換えるなら，山にはある長さの急な斜面があります．南極点の標高は 2800 メートルで，コロラド州の「マイル・ハイ・シティー」とよばれるデンバーは，ロッキー山脈がその西側に広がっているのですが，標高 1600 メートルにあります．また，チベット高原は平均高度 4500 メートルにあって，あなたを息切れさせる標高ではあるものの，高い標高にあるこれらの地形はみな，誰もが山として特徴づけない平坦な地表面をしています．たぶんファールス山地やアイロン山も，アメリカの地理学者であるロードリック・ピティによって 1936 年に提案された山の基準を満たしていません．すなわち，山とは「印象的であり，山のすぐ近くに住む人たちの想像力の中に入り込むものである」という概念を満たしていないのです．さらに，山は大きさをもっていて，個性をもっているべきです．しかし，これらの基準は主観的であり，時とともにとらえ方が変わっていくものです．例えば，セント・ローレンス湾の周辺地域を最初に探検した人たち

は，標高およそ500メートルの「非常に高い」ウォッチシュ山地を明確に認識していましたが，今日，この山地が地図上に示されることはほとんどなく，広大なラブラドール台地の一部分としてしか認識されていません．また，地元での認識にも違いがあります．例えば，スコットランド人の中には彼らの国には山はなくて丘しかないと言う人たちがいますが，少数の人たちはスコットランドの一部は極めて山らしいと反論しています．ネパールの一部の人が「丘」と言う中間山地は，3000メートルの標高を超えています．

ピティが言うように，山はかさ（容積）をもっていて，それは起伏，すなわちその最高地点と最低地点の標高差（比高）を用いて測定することができます．言い換えるなら，地形のでこぼこです．繰り返すと，もしも，比高だけが基準として使われると，いくつかの例外が生まれてしまいます．例えば，グランドキャニオンは峡谷として1600メートルの深さをもっていますが，それは実質的には負の容積となります．そこで，世界の山を描写するには地形の測定および比較の方法が求められることになります．最近まで，この方法には，伝統的な測量機器が用いられてきましたが，20年以上前から，地球を回る人工衛星によって，宇宙から標高が測定できるようになりました．コンピューター化した作図システムを使うことで，地球の地形の起伏を計算することができるようになったのです．このことは，ローカルな，あるいは地域的な基準や見方に基づいていた，何が山で何が山ではないのかというかつての議論に取って代わって，全球的な基準で

の合意が可能になったことを意味しています．

　1990年代に，アメリカ地質調査所が開発した，地球の表面すべての平均標高を1平方キロメートルごとに記録したデータベースが，全球的な基準の出発点でした．そこでは，標高，傾斜，起伏に関連した尺度が開発され，その山を最もよく知っている科学者，登山家，政策決定者がこれらの尺度の異なる組み合わせの評価を依頼されました．その結果，地球表面のすべての部分で，標高2500メートル以上を山とすることが合意されました．なぜなら，人は生理的にそこに住むことが困難になるためです．また，傾斜の大小のしきい値（境界値）を適切に設定することで，標高の高い高原や平地を「取り除く」べきであることが合意されました．この正確かつ統一的な山の起伏の評価作業は，世界の山の図示に大きな革新をもたらしました．起伏というものには，それほど詳細な全球的データベースが要求されていました．ある場所が山であると定義されるためには，半径7キロメートルの範囲で標高が少なくとも300メートル以上変化することが最終的な尺度として選ばれました．その結果つくられた地図は，2000年に出版されたのですが，世界中の高い山脈を示しただけではなく，アパラチア，スコットランド・ハイランド，ブラジルのアトランティック・ハイランド，ウラル山脈，オーストラリア・アルプス，および中国南東部の山々を含めた，古くて低い山系も示しています（図1）．

　この分析で世界の山が3580万平方キロメートルを覆って

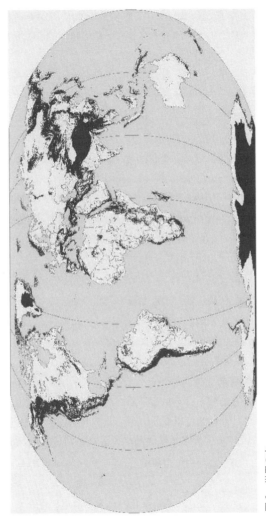

図1 世界の山.

いることが示されました．これは陸域表面の24％に相当しています．このデータベースから，山の全球的な重要性を評価するための別の分析が可能になりました．それは，この全球的なデータベースに基づく地図と山の地図を重ね合わせることによって行います．最も長期間にわたって続いている議論の一つが，どれくらいの数の人が山に住んでいるのかです．長い間，世界の約10％の人が山に住んでいると推定されてきました．また，1990年代には，センサスデータと都市域を示すために宇宙からみた光の両方を使って，世界の人口の分布図が初めてつくられました．この地図と2003年の全球の山の地図とが重ね合わせられることで，7億2000万人が山に住んでいると推定されました．すなわち，世界の人口の12％の人が山に住んでいたことになり，さらに14％の人が山のすぐ近くに住んでいたことになります．このように，今世紀初めには，山は地球の陸地の4分の1の住民を抱え，さらに4分の1の人がその周辺に住んでいる，と推定され，山は定量的に扱われるようになりました．

歴史的な視点

何千年もの間とは言わないまでも，少なくとも数世紀にもわたって，地域的な規模の山から大陸間の規模の山に至るまで，極めてさまざまな空間的広がりにおいて，山は人々にとって，三つの理由で重要でした．一つめの理由は，食料の出所としてであり，二つめは価値の高い鉱物資源や宝石の産地として，そして三つめは文化的に大きな重要性をもつ場所だからです．最初の理由は，私たちの最も基本的な必需品の

一つと関連しています．アンデス山脈に沿う地域，地中海周辺，中央アメリカ，エチオピア，中東，東南アジアの中央部，中国，そしてインドの八つの地域は，植物が栽培された最初の中心地であると考えられていて，それら地域の主要部分あるいは一部は山岳地域です．人間の食料の 80% を供給する 20 の植物のうち，トウモロコシ，イモ，大麦，モロコシ，リンゴ，トマトの六つは，山岳地域に起源をもっています．小麦，米，豆，オート麦，ブドウ，オレンジ，ライ麦の七つは，山岳地域に持ち込まれ，多くの異なる種に変わりました．私たちが楽しむコーヒーはエチオピアの山を起源としていますし，茶はおそらく中国とミャンマーの国境の山岳地域を起源としています．同様に，多くのスパイスが山を起源としています．例えば，サフランは，イランあたりの西アジアの山岳地域に起源があり，黒コショウとカルダモンは両方とも紀元前 3000 年の昔に国際的な貿易経済の起点であったインドの西ガーツ山脈に起源があります．アルパカやヤギ，リャマ，ヒツジ，ヤクのような多くの家畜は，おそらく最初は山で家畜化されました．ペルーのクスコ周辺のように，驚くほど高い農業生物多様性が生まれた中心地域のいくつかは，いまでも農民たちによって維持されていて，そこでは，他のどの地域よりもたくさんの野生種のイモがあり，現在食べられている 400 種以上のイモを育てています．また，一区画の農地で 100 種ものイモを育てることで，リスク軽減と収量の最大化をはかっています．

　イモは，山岳地域から世界に広まった作物の中でも高い価

値がありますが，ある条件ではリスクをともなう代表的な作物でもあります．例えば，イモがスイス・アルプスやネパールのクンブ地方に持ち込まれた時に，農民たちはイモが伝統的な穀物よりもさらに高い生産性を有していることに気づきました．その結果，導入後の数年間で人口が急速に増えました．イモの導入は，多くの低地においても同様の結果をもたらしました．しかし，1840年代と1850年代のヨーロッパのイモ不足の間に，何百万もの人が多大な被害を受けたことでわかったように，ある一つの作物の中のわずかな品種に強く依存しすぎるとリスクを招くことになります．山の中で元々の種を維持することができれば，病気に強い系統の栽培が可能になります．イモは世界中で重要な作物になりましたが，クスコやアンデス以外の地域で育てられた多くのイモ以外の作物も，何世紀もの間にわたって広く適応し，それらは栄養価が高く，そしておいしいのです．これらのうちのただ一つが，アンデス山脈とは別の地域で育てられ始め，広く知られるようになりました．それは，いまや多くのスーパーマーケットや健康食料品店で見ることがでるキヌアです．オカは1860年にニュージーランドに持ち込まれて，ヤムという名前でそこで知られるようになりました．その状況とは異なり，1830年代にヨーロッパに持ち込まれたオカは，ヨーロッパでは広がることはありませんでした．イモと比べると，オカには同等の栄養価値があり，より厳しい条件のもとでも生育することができ，2倍の収量をうみ出すことができます．その他に，タルウィ（アンデスの食用豆の一種，ザッショクノボリフジ）は，世界のおもなタンパク作物（豆，エ

ンドウ，ピーナッツ，ダイズ）と同等かそれ以上のタンパク質を含んでいて，ダイズと同じ 20％ほどの油分を含んでいます．それは耕作ができるギリギリの質の土壌でも育ち，ルピナスと同じように，土壌に窒素を与えます．ヒモゲイトウとその他のアマランサスの仲間は栄養価が高く，そのタンパク質はほとんどの穀物よりもはるかに私たちの体に合っています．人口が増加し環境が変化している世界にとって，山の作物はこれまでになく，さらに重要になるかもしれません．

　このように，山岳地域に起源をもつ農作物は，進化と人の創意の産物です．一方，山岳地域で見つかる鉱物は，とても長い時を経てつくられたものです．山をつくり出した極度の高温と圧力は，人々が利用できる鉱物をうみ出し濃縮させることにつながりました．世界の主要な鉱物の起源は，山の形成と関係しています．いくつかの山は侵食されてしまい，そこに含まれていた鉱物はおもに川によって分散され，そのいくつかはもはや存在していません．金属は山に起源をもつのですが，多くの金属堆積物は，いまでは山からはるかに離れたところにあるのかもしれません．わかっている世界の採掘場所の中で最も古い場所の一つにワディ・ファイナンがあります．ここはいまのヨルダンにあたる，エドゥム山脈の端にあり，そこでは 8000 年以上もの間，銅が採掘されていて，およそ 5000 年前の前期青銅器時代以降，精錬による著しい汚染が生じています．その少し後のローマ時代および東ローマ帝国時代になって，この銅は地中海周辺で貨幣に使われました．山岳地域の金属の開発と貿易は，ローマ人によって始

められ,すべての帝国が発展し拡大していく力の基本的な要素になりました.彼らはオーストリアやルーマニアの山で鉄を採掘し,イタリア・アルプスのアオスタの近くや東セルビアで金を採掘し,フランス・アルプスやスペインのシエラ・モレナ山脈で銅を採掘しました.これらはほんのわずかな例にすぎません.ローマ人の採掘は必ずしも山岳地域で行われたわけではありません.彼らはよりたくさんの種類の金属を,はるか遠くのインドやエチオピアなど他の地域から搾取し,売買していました.

16世紀初頭から1700年までの間は,スペイン・ハプスブルク帝国が世界で最強の力をもっていました.その重要な要因の一つは,ボリビアのポトシの鉱山を含めた多くの鉱山を南米にもっていたことにありました.ポトシは1545年に建設された,豊かな山を意味するセロ・リコ山の麓の標高4000メートルに位置する町で,高い割合の銀(いくつかの岩脈では最大25%)を含有した原石と,その他の金属を産出しています(図2).16世紀末までに,ポトシは少なくとも人口15万人を有する,アメリカ大陸最大の都市になりました.これはヨーロッパのアムステルダムやロンドンに匹敵する規模です.大多数の鉱夫は地元の人で,奴隷も連れてこられました.1824年までに4万トンに達する銀がセロ・リコ鉱山から採掘されました.その後,さらに1万トンが採掘され,鉛,スズ,亜鉛も採掘されました.先コロンブス期からその後の5世紀以上にわたる採掘は,鉱山を流れる水を高濃度で汚染しました.その水は,ピルコマヨ川を流れてアル

図2 ボリビア，ポトシ（世界最高所の都市）の背後に聳えるセロ・リコ山．

ゼンチンに注いでいます．これは，特に汚染の規模が大きな例ですが，金属の採掘と精製がもたらした多くの汚染の事例の一つです．利益の多くが山岳地域には残らず，大気と水の汚染が負の遺産として残されている例で，これらの汚染は，川が多くの鉱石が硫黄やその他の有害な成分を含んでいるために，避けられないものでした．特に20世紀からは，世界中の国々で環境への関心が高まったので，水質汚染を制御するさまざまな工学的対策，例えば，有毒な化学物質を沈降させ，除去あるいは処理できる鉱滓貯水池が開発されてきました．しかし，水や固形物の量はしばしば非常に多く，そうした対策は，特に十分なデータがなくてリスクの評価が難しい時には，必ずしも有効だとは限りません．

複数のリスクが重なり，適切な対策が行われない場合，人と環境の両者に対する影響は，たいへん厳しいものになります．近年の最も深刻な例の一つが，パプアニューギニアの奥地にある，露天掘りのオク・テディ鉱山で，そこでは，1984年に，銅と金の原石採掘がフビラン山（標高2095メートル）の山頂で始まりました．現在では700メートル以上低いところで採掘が行われています．その年には，鉱夫たちが住むための新しい町がつくられました．効果的な鉱滓貯水池と廃棄物貯留施設がないため，金の採取用のシアン化物を含む，およそ20億トンの未処理廃棄物がフライ川流域に捨てられ，そこから1000キロメートル下流で漁業や農業に影響を与えました．この災害は，下流域の5万人に影響を与え，最終的には3000平方キロメートルもの森林の消失が推定されています．地元のコミュニティーは，鉱山会社から2860万アメリカドルの損害賠償を裁判で勝ち取り，いまでは，鉱山からの利益の3分の1がコミュニティーに配分されるようになりました．しかし，2013年にパプアニューギニア政府によって買収された鉱山は，いまでも稼働していて，そこでは汚染が続いています．

　このように，今日でも，山は多くの金属の主要な起源であり続けています．例えば，世界のタングステンの半分は中国南部の山から得られ，世界の銀の半分近くは北アメリカ西部の山から，そして世界の銅の供給量の3分の1以上がチリ・アンデスから得られています．しかし，金属は，山岳地域の鉱山において売買される重要な唯一の生産物ではありませ

ん．石器時代には，紀元前6000年から，サルデーニャのモンテ・アルチで採掘された黒曜石が，地中海周辺に輸出されて，鋭い武器や道具として使われていました．繰り返しますが，山には宝石をうみ出す力があるため，世界の多くの宝石は山で産出されます．そして，軽量でありながら，価値の高いこれらの産物は，世界中で取引されます．普通，最初の採掘は河川堆積物の中から行われ，それがなくなると地下採掘が行われます．例えば，初期のエメラルド鉱山は，エジプトの東砂漠の山にあるワディ・シカイトに，プトレマイオス期につくられました．生産は，少なくともローマ時代とビザンチン時代を通して続きました．今日，世界のエメラルドの主要産地は，コロンビアのアンデス東部にあります．ミャンマーでは，モゴ渓谷が，何世紀にもわたって世界のルビーの主要な産地でした．これらの宝石用原石やサファイアなどの宝石用原石は，軍事当局によって統治されている地域では，いまでも地元経済の基礎となっています．準宝石の中で，アフガニスタンのヒンドゥークシュ山脈のコクチャ谷にあるサー・エ・サンの鉱山で採れるラピスラズリは，6000年にわたって広く輸出されてきました．金属のように，宝石用原石の採掘と加工は，特定の人々や会社，政府に対して明らかな経済的恩恵をもたらします．しかしながら，鉱夫や他の地元の人たちは，しばしば，農地や森林の損失という高価な代償を支払うことになります．それは，土地利用の軋轢，採掘および汚染水からの健康リスク，そして堆積物が犯罪組織によって支配される場所では安全性のリスクをもたらします．にもかかわらず，宝石用原石の堆積物の地質は，普通，有害

な化学物質をつくらないので,非常に大規模な汚染は,金属採掘に比べて少ないと言えます.

　三つめの山に関する長期的かつ全球的な見方は,文化的重要性の場としての見方です.これは,鉱物採掘のような開発可能な資源の源としての山の見方とある程度対比されるかもしれません.世界の初期の帝国権力の中で,ローマ人が,一般には山を荒廃した土地として,また領地拡大や取引の障害物として,否定的に見ていたことは注目に値します.中世の間と18～19世紀には,キリスト教徒は,山を危険で,悪魔のような生き物が生息しているところとして見ていました.例えば,中国人は,山脈を宇宙の生き物,おそらく龍のようなものだと考えていました.ユダヤ教とキリスト教に共通の邪悪な龍とは違って,中国の文化では,龍は慈悲深く,賢いものだと見なされていました.中国人だけではなく,仏教徒,ギリシャ正教信者,ヒンズー教徒,神道信者,そして南北アメリカの先住民を含む,多くの文化でも,神が天気や水の供給を制御しながら暮らす場所として山を見なしていました.歴史の初めから終わりまで,山の神がこれらの恩恵を与え続けてくれることを保証するために,人々は神に供物を捧げてきました.山は,巡礼の地としての注目を集めてもいます.最も良い例は,地球上でおそらく最も神聖な山である,チベットのカイラス山で,それは世界の人口のおよそ4分の1に相当する,ヒンズー教徒,仏教徒,ジャイナ教徒,そしてボン教の信者にとって,神聖なところであるためです(図3).ヒンズー教徒にとっては,そこはシバ神の故郷であり,

図3 チベット．カイラス山周辺の登山道にある仏教のスチューパ（チョルテン）．

仏教徒にとってはデムチョグ神の故郷です．明らかに，その重要性の理由の一つは，アジアのおもな四つの河川（ブラマプートラ川，インダス川，その支流のサトレジ川，そしてガンジスに注ぐカルナリ川）の源流近くに位置していることです．

　山は，非常に多くの人々によって，力をもつ場所として長きにわたって認識されてきました．ギリシャ人やインカの人が供物を捧げるために，あるいは寺院を建設するために山を登る間には，他の文化を有する人たちは，神が住むその山には登りませんでした．なぜならそれは，神聖を汚すことだからです．カイラス山の山頂には現在でも登られていません．中国では，山の景観の美しさを人々が認めるようになった4

世紀に，この見方が変わりました．景観（ランドスケープ）という言葉は，中国語では「山水」を意味していて，山はしばしば雲（時に龍として示される雲）の中から現れるものとして描かれています．9世紀まで，皇帝たちは，天山山脈の神聖なる山に登りました．それは干ばつや地震，洪水の間に犠牲的行為として神聖な山への登山をして，それを神にアピールするためでした．東に位置する日本では，仏教，神道，道教の要素として，7世紀に修験道が出現しました．その信仰者は，精神的および肉体的な力を得るために山に登りました．主要な山は9世紀から登られ，そうした山に登る人たちは，尊敬されました．山に登ることは，多くの日本人の生活の中で重要な要素として残っています．

ヨーロッパの文明諸国では，日本と同様の山への気持ちは，ジャン＝ジャック・ルソーが山の美しい景観とアルプス山脈の澄んだ空気について書いた18世紀まで広まりませんでした．ルソーは，美的な理由から，さらに冒険心において，そしてしばしば科学的な観測の点においても，登山をすすめた人たちに影響を与えました．イギリスでは，旅行ガイドブックに書かれているような，観光客が最高の眺めを楽しむためのビューポイントが1790年に湖水地方で初めてつくられました．ヨーロッパと北アメリカでは，山が風景画家のお気に入りの題目となり，そのことによって市民の山に対する関心が広まりました．19世紀中頃の観光の発生は，特に鉄道の建設とつながっており，それはまずヨーロッパで始まり，次いでインドと北アメリカに広まり，多くの人たちに

とって山への訪問が可能になりました．19世紀後半にはアルプス山脈のおもな山頂はすべて登られ，また，多くの国で山岳クラブができ，登攀(とうはん)は世界に広まりました．今日，山は，景観を眺め，異なる文化を楽しみ，時には肉体的な挑戦を楽しむために，一年間に国内外を旅行する何億人もの観光客の主要な訪問先になっています．多くの人にとって，山は都会から逃避するための力強く，野性味あふれる場所です．すなわち，都市化したものとは対照となる存在です．これは，東アジアで何世紀も前に支持されたのち，世界の他の多くの地域で長い間にわたって支持されるようになった見方です．

地球規模で見た山の重要性

これまで，この章では，地球の陸上のかなりの割合の面積と人口を有する山が，かさ（容積）の点で重要であることを論じてきました．また，食料供給の場として，価値のある鉱物や宝石の産地として，さらには多様な文化的重要性の場として，山が全球的に重要であることを議論してきました．この数十年間には，こうした山の全球的な重要性の認識が，国際的な議論や政策の場において高まっています．また，山の登攀利用や自然災害への関心の高まりから，山に住む人たちや彼らが依存している環境，さらには特に気候変化についての幅広い理解などと，山に関するマスコミや一般の理解も変わってきました．いくつかの鍵となるテーマについては，第3，5，6章で述べます．特に「水の供給塔」としての重要性（第3章），および農業の中心地としてだけではなく，生物多

様性の中心的な場所としての重要性（第5章）がこの本には含まれています．さらに，多くの保護地域とおもな観光地としての重要性は，第6章で述べます．

　山は，あらゆる空間的広がりで気候を変える役割をもっています．世界の多くの山に与えられた宗教上の意味合いは，言うまでもなく山の重要性を示すもう一つの理由です．山岳地域は，地球上の最も湿潤な場所と乾燥した場所を含んでいて，すべての空間的広がりで気候に影響を与えます．ヒマラヤは，それ自身がとても高く，モンスーンの雲が山を超えることができないため，世界で最も多い降水量がその南側にあるインドのメガラヤ地域で観測されます．そこには，地球上で最も湿潤なチェラプンジという町やマウシンラムという村があります．これらの二つの町・村では，1年におよそ1万1800ミリメートルもの雨が降り，チェラプンジでは，1860年8月〜1861年7月の1年間に2万3000ミリメートルもの世界最多降水量が記録されています．チェラプンジでは，1861年7月の1ヵ月間に，9300ミリメートルもの雨が降りました．ところがヒマラヤの反対側のチベットは，乾燥気候下にあります．同様に，アンデス山脈は，太平洋からやってくる雨雲をさえぎり，アルゼンチン西部では乾燥した気候となります．同じ理由で，カリフォルニア州のシエラネヴァダ山脈の風下側にあるグレート・ベースンとモハーヴェ砂漠は乾燥気候下にあるのです．

　これらはすべて，山脈と，より広域な地域の間に見られる

関係を示した例です.そのような結びつきは,山の自然の特徴に基づく気候や水文学的なものだけではなく,経済的および政治的なものでもあります.それらは,山の中や周辺に住む人々の生活を含んでいます.また,山からの水やその他の資源の利益を得ているかどうか,山で自由な時間を過ごす,あるいは宗教的な理由で山に価値を与えるかどうかによって,しばしば山から遠く離れた場所に住む人々の生活をも含みます.しかしながら,多くの国では,大きな経済力や政治的権力をもつ人たちを含めて,首都や主要な都市が置かれている低地に大多数の人が住んでいます.その結果,低地の都市に住む政治家や政策決定者たちは,山岳地域と山に住む人たちを辺境の存在として認識することが多いのです.逆に,ほとんどの人口と主要な都市が山に集中しているのは,ごくわずかな国においてです.そしてこれらの国は,一般には世界的な空間規模,あるいはしばしば地域的なレベルでさえ,大きな経済的あるいは政治的重要性をもっていません.それにもかかわらず,これまで関心が向けられなかった状態から,多くの主要な国際的イベントや議論で取り上げられる状態に至るようになり,山の問題はここ40年以上にわたってより大きな注目を浴びてきています.

1972年にストックホルムで開かれた環境に関する初めての国際的な会議の場では,山の問題は議題にはなっていませんでした.しかし,1970年代に,ユネスコが支援した主要な国際的研究プログラムである「人間と生物圏(MAB)プログラム」に参加していた科学者らと国際連合大学(UNU)

が，世界中の多くの山岳地域で共同プロジェクトを開始しました．1986 年には，ユネスコ，国連環境計画（UNEP），そして世界気候研究計画が，山岳環境の変化をモニタリングするために，「世界氷河モニタリングサービス」という，初めての世界的な組織を共同で設立しました．1990 年代初めまでに，世界中の科学者が，山岳地域の住民と山の環境から得られるさまざまな利益，ならびに住民や環境が直面している多くの問題についての重要な根拠を収集し始めました．この根拠は，知識の溝を埋めることに対する取り組み作業と困難な開発への取り組み作業がさらに必要であるという認識を露呈させました．それと同時に，世界の山岳地域で活動をしていた科学者と開発専門家からなる小さなグループに対して，リオデジャネイロで開かれた 1992 年の地球サミットの課題の中に，山の章がつくられるべきだということを明確にさせる基礎となりました．このグループは，この課題を「山のアジェンダ」とよび，この会議が山の多様な価値と山についてのあらゆる行動を国際社会に喚起させる唯一の機会になると考えました．彼らは，スイス政府代表ならびにその他の山岳国家からの代表団と一緒に，この国連の会議で討論を行い，リオ・サミットの成果物である 21 世紀の行動計画「アジェンダ 21」に，持続可能な山の開発に関する章を入れることに成功しました．気候変化や熱帯雨林伐採，砂漠化といった他の「大きな問題」と同様に，世界の議題の中に山の課題が加えられることになったのです．

　その後 2, 3 年の間に，世界の大部分の政府は，その国に

とって山が重要であるという道筋を一緒に考えるようになりました．いくつかの国の政府は，山に関する組織を設立したり，山岳住民に利益を与える法律を通しました．山岳住民と科学者の間には，新しいネットワークが生まれました．1995年には，気候変動に関する政府間パネルが，第二次報告書に山岳地域の気候変動の影響に関する章を設けました．また，中央アジアのキルギス政府の主導で，国際山岳年（IYM）の創設に向けた取り組みがなされました．1998年には，国際連合総会が，国際山岳年を2002年とする採択を行いました．この採択には，130ヵ国の代表のサポートがありましたが，これは過去のあらゆる国連年の採択の中で最大の数でした．「我ら皆，山の民」というスローガンでスタートした国際山岳年は，山の多様な価値を世界のすべての人に知ってもらう最良の機会になりました．国際山岳年では，世界の78ヵ国が国家委員会をつくり，数多くの，また広範囲にわたる，科学的，文化的，スポーツに関連した，多くの活動を計画し実行しました．多数の国際会議も開かれました．キルギス共和国の首都ビシュケクで，ビシュケク・グローバル山岳サミットがその最後を飾りました．このサミットでは，最終文書がつくられ，それが12月11日を国際山の日とする国際連合総会決議の土台となりました．そして，国際山の日には，持続可能な山の開発の重要性に焦点を当てた，あらゆるレベルでの活動を推進するよう，国際社会に対して働きかけています．

　2002年は，ヨハネスブルクで開かれた持続可能な開発に

関する世界首脳会議の年でもありました．この会議で始められた国際パートナーシップの一つが，マウンテン・パートナーシップで，これは世界の山岳住民の健康，生活，可能性を改善し，山岳環境の保護と管理の提供を目的としています．10年以上経ったいまも，政府や政府間組織，その他の実にさまざまな機関からなるそのメンバーは，これらのゴールに向けた作業を続けています．この作業は，国際山岳年の影響を受けた二つの主要な地球規模の取り組みそのものに似ていました．すなわち，それらは，生物の多様性に関する条約（生物多様性条約；CBD）とミレニアム生態系評価（MEA）です．2004年に，生物多様性条約は，政府などの機関が山の生物多様性の保全，持続可能な利用，およびその利益の分配を促進する作業プログラムを発表しました．1992年以降に蓄積した相当量の知識をもとにして，2005年には，このミレニアム生態系評価の中の一つの章が，山の生態系に焦点を当てることになりました．この章は，世界のたくさんの人に提供する山の多数の財産とサービスについて記しています．それは，山岳地域に住む何億人もの人たちにとって，持続可能な開発の継続が困難であることを明白に述べています．山についての基礎的な知識は増えましたが，いまでも研究によって得られる知識に分野間の溝がたくさん残っているという事実のため，たくさんの問題が残っているのです．

2000年代の間に国際連合総会は，持続可能な山岳開発を支持する数多くの報告書をつくり，決議案を採択しました．そして2012年には，過去20年間の進展を地球規模で評価し

た後，リオ＋20国連持続可能な開発会議の最終文書「私たちが望む未来」において，持続可能な開発には山岳地域からもたらされる利益が絶対不可欠であることが，改めて表明されました．しかしながら，この文書はまた，多くの困難についても言及していました．例えば，多くの山岳住民は，いまなお辺境地に取り残され貧困の状態にあります．また，山の生態系は気候変化に対して特に脆弱です．この文書は，多くの国の政府に対して，山の将来の環境とそれらに依存する人々に関係するすべての機関と一緒に取り組み，長期的ビジョンと全体的なアプローチを採用するよう呼びかけました．山，そして山岳住民は，いま，確かに地球規模の課題の一部分なのです．

第2章
山は永遠のものではない

　私たち人間の時間的尺度では，ほとんどすべての山は永遠のもののように思えます．この1世紀の間，火山噴火が小さな島を数多くつくってきた一方，陸上で新しい火山が生まれた例はわずかで，あるいは火山活動によって山が消失した例もわずかです．近年の歴史の間に，比較的小さな火山が，一つ生まれました．それは，1943年2月に，メキシコのミチョアカン州にある農地でできたパリクティン山です．噴火は1952年に終了しましたが，噴火によってパリクティン山は，周囲から424メートルの高さにまで達しました．それは比較的ゆっくりと大きくなり，その影響はおよそ25平方キロメートルの農地を溶岩で覆う範囲に限定されました．一方，火山によるはるかに速い地形変化が重要な影響を与えることもあります．アメリカ合衆国のカスケード山脈にあるセ

ント・ヘレンズ山の1980年5月の噴火は，57人の命を奪い，600平方キロメートルの森林および300キロメートルの高速道路を破壊しました．フィリピンのピナツボ山の1991年6月の噴火は，さらに大規模で，10立方キロメートルのマグマと2000万トンの二酸化硫黄を噴出しました．これは，地球規模で広がり，地表面に達する太陽光の量を減少させ，その結果，地球全体の温度を0.7℃下げました．インドネシアの小さなクラカトア火山の1883年の噴火による地球規模の影響はさらに大きく，5年間にわたって気象パターンに影響を与えました．そのうえ，比較的小さな火山噴火でさえ，深刻な国際的影響を与えることがあります．例えば，アイスランドのエイヤフィヤトラ・ヨートクル氷河の底で2010年4月に噴火した火山は，ヨーロッパと大西洋間の航空運航に第二次世界大戦以降で最大級の混乱を与えました．

　異なる時間的尺度で見ると，山は，できたりなくなったりし，さらに地球を転々と移動しています．アパラチア山脈の低い山々は，かつては，いま世界で最も高い山脈であるヒンドゥークシュ山脈からヒマラヤ山脈と同じくらい高い山でした．そして，アパラチア山脈が最初にできて以来，それは赤道から北へと移動しました．山はプレート・テクトニクスの営力と直接的に結びついていて，プレート・テクトニクスでは，地球表面をつくっている六つの大きなプレートとたくさんの小さなプレートが互いにその上や下で移動しています．プレート・テクトニクス理論の最初の根拠は，1950年代後半に，6万5000キロメートルに及ぶ，地球上の最長の山脈

である中央海嶺から見い出されました．その大部分は海底にあり，最もよく知られた部分が，1万5000キロメートルの長さで，ヨーロッパ，アフリカ，アメリカ大陸と並行に走る，大西洋中央海嶺です．その一部は，海底から4000メートル持ち上がっていて，アイスランドの山々や，アゾレス諸島，セントヘレナ島など，多くの島を形成しています．海嶺の稜線部の岩石の年代測定から，最も新しい岩石が中央部に位置していて，稜線から外側に向かって両方向に形成年代が古くなっていることがわかっています．この研究成果は，プレート・テクトニクス理論を支持する重要な根拠になっています．

　火山は世界の山の重要な一部であり，その割合は，中央海嶺を含めるとさらに大きくなります．海水面よりも高く聳える多くの山は，地球のテクトニック・プレートの端でつくられてきました．堆積物はゆっくりと一緒に動くため，上にのる堆積物は圧縮されて持ち上げられ，褶曲や断層をつくります．おもな造山運動期は，3回ありました．カレドニア造山運動はおよそ5.5～3.7億年前に起こり，スコットランドやスカンジナビア，グリーンランド，アパラチア山脈北部に残存する山をつくりました．およそ2～4億年前のヘルシニアン造山運動（アパラチアン造山運動あるいはバリスカン造山運動）は，さらに広域に及びました．この時期には，北アフリカ大陸がヨーロッパ大陸と衝突し，フランスの現在の中央高地の低い山地，あるいは「中間」山地，フランスとドイツ国境のヴォージュ山脈，ドイツのシュヴァルツヴァルト山地，

そしてチェコとポーランド国境のジャイアント・マウンテン（クルコノシェ山脈）をつくりました．同じ時期に，大陸の衝突によってアパラチア山脈南部ができました．古い時期に生じたこれら二つの造山運動でできた山で，今日でも残っているものは，山脈の固い中核部からなっていて，それらがかつて一番高かった山頂をつくっていた堆積物は，遠い昔に侵食されてしまいました．最も直近の造山運動がアルプス造山運動で，およそ6500万年前に始まり，その時でき始めた山は現在でも成長しています．これらの山には，アルプス，ヒンドゥークシュとヒマラヤ，アンデス，北アメリカ西部の山々，環太平洋に位置する山脈があります．その中で最も速く上昇をしているのがヒマラヤです．ナンガパルバットでは年間10ミリメートルに達する上昇が衛星で測定されています．陸上では最も長い7000キロメートルのアンデス山脈は，年間1〜2ミリメートルしか上昇していません．さらに山には，もう一つのグループがあり，それは，しばしば，グレート・エスカープメントとよばれる巨大な崖からなります．これは，テクトニック・プレートがひきずられた端や，パッシブ・マージン（受動的縁辺部）に沿ってつくられました．その多くは，長さ数百から数千キロメートルで，高さは少なくとも1キロメートルあります．それらは，大まかには海岸線と平行に走り，海岸低地と内部の高い高原を分離しています．この例には，南アフリカのドラケンスバーグ山脈，ブラジルの海岸山脈，オーストラリアのスノーウィー山脈，南極横断山地，およびインドの西ガーツ山脈があります．

今日，エベレスト山（地元のネパール語でサガルマータ，チベット語でチョモランマ）は，一般に地球上で最も高い山とされていて，その標高は 8848 メートルです．その高さが 1856 年に初めてインドの大三角測量の一部として確認された時，世界最高峰を自分の領土に見つけ出す競争をしていた皇帝権力の争いの時期に終止符をうつことになったのですが，エベレスト山の高さは 8840 メートルでした．しかし，他の測量方法では，ハワイのマウナロア山が地球上で最高峰になります．マウナロア山は，海面から上がわずかに 4169 メートルにすぎませんが，海底から山頂までの標高差が 10.2 キロメートルあるのです．その近くにあるマウナケア山とともに，この楯状火山は，山麓がおよそ 225 キロメートルの，地球上で最大の山となります（図 4）．こうした測量方法は，地球上の山と海をもたない他の惑星の山を比較する際にも有効です．どんな方法をとっても，すべての太陽系惑星でこれまでに確認されている最高峰は，楯状火山である，火星のオリンポス山で，およそ 600 キロメートルの山麓幅を有しています．火星にはプレート・テクトニクスがないので，オリンポス山の位置は固定されていて，何千回という火山噴火の結果，成長を続けています．山麓から山頂までのその高さは，およそ 22 キロメートルで，小惑星で原始惑星のベスタにあるレア・シルウィア・クレーターの中央ピークに似ています．この他にも，火星や土星の衛星イアペトゥス，木星の衛星イオには，高さ 10 キロメートルを超える山があります．

図4 ハワイのマウナロア山とマウナケア山（1880年頃）.

「もろもろの山と丘とは低くせられ」（イザヤ書第40章）

　山をつくる火山活動，褶曲運動，および断層運動は，山がどのようにつくられ侵食されるのかに関する物語の最初の部分にすぎません．山は，発達をし始めるとすぐに，重力の働きとともに，それ自身を構成している岩石を侵食し始めます．これらのプロセスは，さまざまな時空間スケールで作用します．最小のスケールは風化で，岩石をより細かな粒子に変えていきます．物理的風化は，岩石をバラバラにしたり，その表面を分解させる機械的な作用です．山岳地域の典型的な特徴の一つに24時間毎に起こる温度変化があります．凍結温度に達すると，岩石の内部や間にある水は凍り，凍結風化の形で岩石を割きます．太陽によって岩石表面が暖まり，

次に表面が冷えるので,岩石表面もまた拡張と収縮を行います.凍結風化は,おそらくは山岳地域における主要な物理的風化作用でしょう.その際,欠くことのできないものが水の存在です.

物理的風化がたんに岩石をより細かく分割するのに対して,化学的風化は岩石の角を丸くしながら,元々の鉱物を異なるものに変えます.そのような化学的風化は温度と湿度に依存し,湿潤な熱帯地域や海岸の近くで最も重要になります.化学的風化は,より寒冷あるいは乾燥した状況でも生じます.岩石の化学的構成物質や構造が異なると,風化速度は変わります.例えば,砂岩のような堆積岩は,花崗岩よりも高速度で風化する傾向をもっています.広域に分布する石灰岩からなる地域では,化学的風化はしばしば特徴的なカルスト地形をつくります.最後に,岩石は,菌類や藻類,バクテリアによる生物学的風化も受けやすいでしょう.これらすべてのプロセスは,非常に小さなスケールで生じ,何年,何世紀,あるいは何千年にもわたってこれらが複合した結果,山は低くなるのです.

まったく異なる時間尺度では,氷河は,多くの山岳地域において山の変化をもたらしてきた主要な力と言えます.過去1世紀ほどに生じた気候変化の結果,世界の氷河の大部分は融解してきました.しかしながら,260万年から1.1万年前の更新世の間,世界の多くの山は現在よりもはるかに広く氷河に覆われていたのに,あまり寒冷な気候を経験しませんで

した．氷河は硬い氷であり，重力の影響下では，斜面の上から下へと気づかれないほどにゆっくりと移動をしています．しかし，上部の氷が非常に重たいため，氷河の氷の底部は塑性的で，下にある岩石の隅や割れ目すべてを埋めます．この境界面に沿った氷河の流動は，三つのプロセスを通して岩石を侵食します．一つめの摩耗は，氷の中に取り込まれた岩石が下の岩石をひっかき削る時に生じます．氷河がなくなると，残ったひっかき傷，すなわち擦痕が，氷の移動方向を示します．岩石を含まない，あるいは岩石をごく少量含んだ氷や，下にある岩石よりもさらに軟らかい岩石を含んだ氷は，下の岩石の表面を磨きます．二つめのプロセスは，上に載っている氷の重さによって岩石が粉々になることです．三つめは，おそらく最も強力なプロセスで，もぎ取り作用あるいは剥ぎ取りといい，氷河がその下の岩石や岩石の破片を持ち上げるプロセスです．この岩石や岩石の破片には，ぶつかり合って壊れたものや，氷河の前面で生じた凍結風化によってできたものが含まれます．もぎ取り作用は，圧力を受けている氷が障害物の上流側で融けて下流側で再凍結する時にも生じます．こうして障害物の上流側の岩石表面はなめらかになり，剥ぎ取りが生じた下流側は急斜面になります．氷河が融けて残された，擦痕をもつロッシュムトネ（羊背岩）が現れることでも，氷河が流れていた方向がわかります．

これらのプロセスは，二つのグループの典型的な地形をつくります．一つめのグループは，「景観の彫刻」の結果できたもので，ボウル状をしたカール，とがったあるいは時にピ

ラミッド状の山頂や稜線からなるアレート,そしてU字谷と懸谷で,その形成後,風化プロセスによって維持されています.深いU字谷は,カリフォルニア州のヨセミテやスイスのラウターブルンネンのように,谷全体が陸上にありますが,アラスカ州やブリティッシュコロンビア州,ニュージーランド,ノルウェーの西海岸に沿ったフィヨルドのように,一部は水面下にあります.ノルウェーのソグネフィヨルドにあった,動きの速い氷河は,現在の海面下600メートル以上もの深さにまで岩石を彫り込みました.二つめの地形グループには,ティルとして知られる,氷河が融けた後に残される岩屑（がんせつ）(デブリ)によってつくられたモレーンがあります.ティルは,シルトから,氷河の表面で運ばれ氷河が融けた時に迷子石（れき）として取り残される巨大な礫に至る,さまざまな粒径の物質からできています.モレーンは,長い稜線をもつ丘で,過去の氷河の先端を示し,時に谷を塞いで湖をつくります.岩屑には,氷河の融解水によって堆積したものもあり,曲がりくねったエスカーをつくりますが,これは氷の下で流れていた河川の流路跡や,氷河末端部やその下流のさらに平坦な場所にある扇状地の跡を示しています.通常,ティルの大部分は,ティルの中にシルトがたくさん含まれるため,特徴的なミルク色をした川によって,下流域に流されます.シルトの粒子はとても反射するので,現在の氷河の下流にある湖を見事な青色と緑色にします.

氷河の存在は,山の侵食にとって明らかに大きな力になります.一方,山岳地域では,少なくともある程度の時間は,

大量な水の存在が，風化した物質や氷河による侵食を受けた物質を除去するのに重要になります．河川もまた，河川侵食を通して堆積物や岩石を除去（運搬）します．河川侵食の速度は時間によってかなり異なります．しばしば，発生頻度の低い洪水でもとてもたくさんの物質が除去されます．それは大きな嵐の後，あるいは冬の雪が急速に融ける春の初め，それも特に午後や夕暮れ時に起こります．氷河の融解もまた，流出の増加と侵食に貢献します．河川による侵食と堆積は，山岳景観を構成する典型的なたくさんの地形をつくります．例えば，狭いV字谷，滝，段丘，網状流路，扇状地，そして幅の広い洪水氾濫原です．何千年から何百万年という長い時間尺度の間では，氷河および河川による侵食は似た速度になります．もっとも，これらの速度の推定値はテクトニック上昇の存在や，測定が比較的短期間に狭い範囲で行われているために大きなばらつきを示します．侵食速度が最も大きいのは，時に年間1センチメートルを超えるような場所で，ヒマラヤや台湾のように地殻変動が活発な河川流域に相当します．最近火山が噴火した場所や，パタゴニアやアラスカのような温暖な氷河のある場所でも発生します．

氷河と河川による侵食に加えて，第三の侵食についても述べておきましょう．それは風食です．特に山の高所では，しばしばとても風が強く，砂や小さな石までもが吹き飛ばされて，登山者に苦痛を与えます．水分がない火星や金星のような惑星では，風がおもな侵食の力となります．地球上の山では，風食の重要性ははるかに小さく，おそらく最も重要な風

の役割は，雪を動かすことにあります．風化と侵食の関係を考えると，雪を動かす風は重要です．なぜなら，稜線や突出した斜面がしばしば雪のない状態に置かれるからです．これに対して，雪に覆われた斜面は保護されます．また，横から吹きつける雪はカールの中に越年雪渓や小さな氷河をつくり地表面を保護し続けることがあります．

災害の多い景観

　風化と侵食のゆっくりとしたプロセスに加えて，一部の山岳景観は急速な現象によって変わっていきます．それらには，泥流，落石，雪崩，地すべりといった，「自然災害」が含まれます．これらは自然に発生するものですが，時には人間がそれらを誘発させる役割を果たします．また，これらの自然のプロセスは，人間が巻き込まれると災害とよばれます．泥流は雨や雪解けが十分な時に起こり，予測が不可能で，泥を液化してそれを岩石と一緒に谷の下方に動かします．山で頻繁に発生する小さな落石は特に道路や鉄道，あるいは登山者に害を与えた場合に大きな問題となることがあります．一方，大規模な落石はまれにしか起きません．雪崩はこれらの現象の中では最もよく見られ，一般には特定の場所で繰り返して発生します．これは地形と気象パターンに特別な相互関係があるためです．点発生雪崩は，おもに新しい雪が急斜面に降ったばかりの時に起こる，雪崩の中では最も一般的なタイプです．面発生雪崩は，人，インフラ，生態系に対してさらに大きな影響を与え，スキー場以外でスキーをしている人の最大の死亡原因になります．最も破壊的なものは

煙型雪崩で，密度の高い雪崩層とその上の乾燥したパウダースノーによる雪煙り層からなります．煙型雪崩は1000万トンを超える塊になることがあり，時速300キロメートル以上の速度で流下します．しかも，最初の雪崩の流路だけではなく，平滑な谷に沿って数キロメートルにわたって流れ，さらに谷底を越えて斜面の上に向かって流れることもあります．有史時代に一回の雪崩で死んだ人の最大数は，第一次世界大戦中にオーストリアとイタリアの国境のアルプス山脈の中で命を落とした兵士の数と同じ4万〜8万人に達します．今日では，発生予測と減災方法が改善されて，雪崩による死亡者数は少なくなり，インフラへの被害も減少しています．しかし，より多くの人が冬でも山の中に住み，山を楽しみ，旅行をし，特にインドや中国などの国では，スキー，スノーボード，スノーモービルをする人が増え，新しいスキー・リゾートが生まれています．このため，いまでも雪崩のリスクは相当大きいと言えます．

　雪崩の破壊力は大きいのですが，個々の雪崩の山岳環境への影響が長く続くことはまれです．それでも，周りの森林と比べると，雪崩の通り道の植生は，高さが低くて曲がりやすいことから，雪崩の通り道は，しばしば簡単にわかります．最大規模の雪崩は，景観に長く跡を残すことがあります．それらは，煙型雪崩と似た速度で流下し，谷に沿って流下したり丘を駆け上ったりします．一方，知られている中で最大の地すべりは，イランのザグロス山脈でおよそ1万年前に起こりました．この地すべりでは，500億トンの岩石が山から落

下して，1500メートル下方に流下し，20キロメートル移動し，274平方キロメートルの面積が厚さ100メートルを超える岩石層で覆われました．この地すべりは，地震によって引き起こされたのですが，その前に岩石の底部が川によって侵食を受けていたのかもしれません．地すべりは他の原因によっても生じることがあります．最も頻繁に起こる原因は豪雨で，火山活動や人間活動によっても起こります．最も破壊的な災害は，いくつかの異なるタイプの自然災害の結果が重なり合った時に生じます．最近の最も極端な例は，1970年5月31日に発生したもので，ペルーのワスカラン山頂付近で地震が氷と岩石を崩壊させた結果生じました．この地すべりは，時速480キロメートルで流下し，ユンガイの町を破壊し，町の住民1万8000人の命を奪い，さらに周辺の5万2000人の命を奪いました．この地すべりで，20万人が家を失いました．

山岳地域で長く生活をしている人は，通常発生する自然災害の規模と頻度については，発生の場所や可能性を理解していて，危険な場所を避けたり，災害を制御する方法を知っています．これらの災害につながると考えられる要因に関する科学的な知見は充実しつつあります．こうした科学的知見の充実は，災害発生の可能性の地図化につながっており，土地利用計画にも使われることがあります．しかし，そのような知見は，いつも利用されているわけではありません．特に，ある地域に新しい人がたくさん移住してきたり，旅行者施設の建設によって予算が計上される時には科学的知見が利用さ

れます．同じく，オーストリア・アルプスのガルチュールという小さな村における例のように，特に大きな災害が発生する時には，「安全地帯」の外で被害が生じるかもしれません．ガルチュールでは，1999年2月に急に雪が4メートル落ちて，31人が死亡し，雪が落ちたことで非常に大きな雪崩が発生しました．そのような災害は，他の地域ではさらに大きな意味をもっているかもしれません．例えば，2013年6月にインド・ヒマラヤで発生した豪雨による鉄砲水による洪水や土石流は，標高3546メートルにあるケダーナスの巡礼地で数百人の命を奪い，17キロメートルの長さのアクセス・ルートを破壊しました．その結果，およそ10万人が安全確保のために空路による避難を余儀なくされました．ウッタラーカンド州全体では，4200の村が影響を受け，3758の村で停電しました．何千もの家族が生活に不可欠な資源を失いました．インド経済全体への損失は19億ドルと推定され，最悪の影響を受けたウッタラーカンド州の経済の復興には，何年もの歳月が必要とされるでしょう．これらの両方の災害は，予測不能と考えられます．そのような災害は，気候変化が極端豪雨と降雨・降雪発生の頻度および強度を増加させるため，より頻繁に生じるようになるかもしれません．

　これらの気象に関連した災害に加えて，地球上の1500の活火山の周りで他の自然現象が発生しています．風化した火山岩の上には肥沃な土壌が発達しており，多くの火山がまれにしか噴火しないために，人々は火山の周辺に何千年も住んできました．現在，オークランドやマニラ，メキシコシ

ティー，ナポリ，キト，シアトルなどの都市に住む1億人を含め，およそ5億人が火山の近くに住んでいます．1955年以来ほぼ連続的に噴火し続けている鹿児島の桜島（図5）の例がそうであるように，こうしたいくつかの街は，永続的な活火山の近くにあります．このような地理的な配置は，火山活動が大規模ではなく，定期的な避難訓練や，落下してくる火山噴出物から人々が逃げることができる避難施設の建築といった，特別な予防策が採用されている時に可能になります．一般に，火山のリスクは小さいのですが，火山噴火が発生した際には，火山の近くに住んでいる人だけではなく，すでに述べたように地域的あるいは地球規模にまで，大きな影響を与えることになります．他の災害同様に，火山に関する科学的理解は高まっていますが，一つ一つの火山は異なった活動をし，それぞれ異なった一連の災害をもたらします．将来の溶岩流の発生や火山灰の降下の可能性が高い場所は，地図にして示すことができます．地震活動や地磁気活動，火山ガスの放出量，地表面の変形，そして局所的な河川や湖の変化などのモニタリングと合わせることで，火山ハザードマップは，ある一定の確度をもって，噴火の数週間から数ヵ月前の予測を可能にします．リスクはどんな時にもありますが，こうして，火山の近くに住む人が生き延びるチャンスは大きくなるのです．

山を採掘する

　山を変える多くの自然プロセスや，時に人間によって不注意にも始まってしまうプロセスに加えて，鉱物や岩石，氷河

図5 鹿児島市と2010年3月30日に噴火した桜島.

や河川によって残されたその他の堆積物を採るために，人間は長期にわたって故意に山を変えてきました．こうした山の地形の人為的改変の影響は，明らかに，比較的限定された範囲で生じます．しかし，その結果起こる変化は，大きなものになることがあります．ここでは，岩石とその他の鉱物の採掘に焦点を当てて考えてみましょう．ただし，岩石や鉱物の採取は，森林やその他の植物の意図的な除去に至ることがあり，そして同様に，第 1 章で議論した，さまざまなタイプの汚染を通して，しばしば，はるか下流域あるいは風下域の陸上・河川・海洋生態系に重大な影響を与え得ることを認識しておかなければなりません．

　ローマ人は，水力採鉱を使って，大規模な鉱物採掘手法を発達させた最初の人たちでした．水力採鉱では，水は，送水路で運ばれ，それから土とその他の表面物質（掘削残渣）を取り除き，その下の岩石を露出させるために使われました．次に，岩石は火によってバラバラにされ，金属鉱石が抽出されました．露天掘り鉱山において，地表面で一度鉱脈が掘られると，鉱脈が地下に続いて出てきました．古代ローマの主要な銅の鉱山地域の一つは，スペインのシエラ・モレナ山脈にあるティント川沿いにありました．そこでは，鉱物採掘がおよそ 5000 年間行われてきました．その他の重要な鉱物採掘地域には，現在のオーストリアとルーマニアの国境の山がありました．ローマ時代に採掘されたこれらの地域では，今日でも採掘跡が明らかにわかります．いま，採掘は世界中の山で行われていて，膨大な量の鉱石とその他の物質が取り除

図6 アメリカ合衆国,ユタ州,ビンガム峡谷鉱山の空からの景色.

かれています.いくつかの場所では,山頂が低くなりました.例えば,ボリビアのセロ・リコの山頂は,現在は4824メートルですが,大規模な銀の採掘がそこで始まる前は,数百メートル高かったと考えられています.ユタ州のビンガム峡谷にある世界最大の銅鉱山(深さ1.2キロメートル,幅4.5キロメートル:図6参照)や,チリのチュキカマタ銅山(深さ900メートル,長さ4キロメートル,幅3キロメートル),および世界最大の金鉱山(世界第3位の銅鉱山)であるインドネシアのグラスベルグ鉱山のように,いくつかの山は,採取場が地中深くになってしまいました.さらに他の山では,山頂が取り除かれて,一連の段丘がつくられました.例えば,オーストリア・アルプスのアイゼンエルツのエルツベルグ鉱山は,1890年から鉄鉱石が取り除かれて,一連の

段丘に改変されました．また，アパラチア山脈では，「山頂採掘」の許可が1600平方キロメートルの面積に及びました．露天掘り石炭鉱山と鉱石鉱山のおもな違いの一つは，露天掘り石炭鉱山ではおもな廃石源が表土であるのに対して，鉱石鉱山では望ましい金属やその他の産物の割合が非常に小さいということです．それで，選鉱工程で発生する鉱滓として，大量の廃石が積み上げられ，山の景観が大きく変えられます．こうした廃石は，もちろん，坑内採掘の結果によっても生じます．このように，たとえ地球規模では火山噴火などの自然のプロセスが山を形づくり改変していくとしても，全体としては，世界のあちこちで，人間というものが，山の地形改変に影響を与える要因の一つとなっているのです．

第3章

世界の給水塔

　世界中のほとんどの川は山から流れてきています．山は，淡水の源，すなわち「給水塔」の役目を果たしています．すべての淡水量の3分の1から半分は山岳起源で，莫大な人口が，農業，飲料，エネルギー，漁業，産業，交通から，水泳，カヤック，カヌー，ボートセーリングといったスポーツまで多岐にわたって，水に頼った生活をしています．山岳・低地それぞれで，人々は昔から水の源として山岳の重要性を認識し，神が宿り泉や川をつくる雲や雨の源として崇拝してきました．例えば，アンデスでは人々は雨をよぶ儀式をし，ミャンマーの中央乾燥地域に聳える死火山，ポッパ山にはナッとよばれる神仏が宿ると考えられてきました．そこでは，白布のような雲を見て雨が降り出すことを予想し，耕作の準備を始めていたのです．

河川流域全体に比べれば，山岳の占める割合自体は一部にすぎません．しかし，山によって空気が持ち上げられ，冷やされ，水蒸気が凝結するという効果により，雨や雪として降る大気中の水の割合は大幅に増加します．この効果は山脈に限らず，個々の山体でも生じており，例えばハワイ諸島西端のカウアイ島ワイアレアレ山頂では1982年に1万7300ミリメートルという年降水量の記録があり，平年でも降水量が少なくとも1万1500ミリメートルと想定される世界で二番目に湿った場所と言われています．高い山岳は，降水を生じる引き金となるだけではなく，標高に応じて地上気温を低下させる働きをもちます．低温環境では降水が生じても蒸発しにくく，多くの地域では特定の季節に降水が雨ではなく雪となって降りやすくなります．例えば，アルプス，シエラ・ブランカ，ホワイト・マウンテンのように，多くの山脈の名前が「白」にちなんだ意味をもつ所以と考えられます．数千キロメートル以上も山から離れた低地に住む人々にとっても，春から夏にかけた昇温とともに解け水が供給されるため，雪や氷として山に蓄えられる冬季の降水は極めて重要です．川に流れ込んだ雪解け水は，灌漑などに必要となる最適な時期に下流に到達します．合計で65の国が，利用可能な淡水の75％以上を食料生産に使っています．中国，エジプト，インドのように，遠く離れた山岳からの水に多くを頼っている国もあります．このように，世界65ヵ国のもつ河川流域が，地球の陸域の40％を占め，人口の50％を養っています．東京，メキシコシティー，ムンバイ，ニューヨーク，ジャカルタ，ロサンゼルスなど，世界の主要都市も水資源を上流の山

岳域に頼っているのです．

「人間が必要とする水を常に供給している」という最も重要な観点で見た場合，山岳域は乾燥・半乾燥域における「湿潤な島」であり，流出や地下水涵養をもたらす十分な降水が生じる限られた地域であると言えるでしょう．中東，南アフリカ，ヒマラヤ西部および東部，中央アジアの山々，ロッキー山脈やアンデス山脈の一部はこのような地域に相当し，近隣の低地に降水の70〜95％が流出します．例えば，エチオピア高原を源とする青ナイル川やアトバラ川の流域面積はナイル流域の10％しか占めないにもかかわらず，ナセル湖への年流入量の53％に寄与し，堆積物の90％をもたらします．その他の流入はおもに東アフリカから流れてくる白ナイル川からとなります．中央アジアに目を向けると，天山およびパミール山脈域は，シルダリア川およびアムダリア川の流域面積のそれぞれ38％，69％にとどまりますが，アラル海への水量の95％を供給しています．1960年代にソビエト連邦が，おもに綿栽培のための干拓用にこの水を転用し，1991年にウズベキスタンとして独立した後も事業は継続されました．蒸発，干拓用水路からの漏れ，植物の生長による蒸散の結果，水は失われ，2009年までにアラル海は面積を88％，体積を92％失い，四つの塩湖に分断してしまいました．幸い，このような傾向は部分的に回復しつつあり，例えば，カザフスタンで2005年に建設されたダムは，アラル海北部の一部を復元しつつあります．

アラル海の例は，乾燥域での水管理に最新の注意を払う必要があることを物語っています．山からの水はその地域の暮らしに極めて貴重ですが，それ以外の地域にも重要なのです．温帯湿潤域でも，山から低地への水供給は30〜60％を占めます．例えば，アルプスはライン川流域の23％しか占めませんが，年流量の半分を供給し，冬季は30％ですが夏季には70％と変化します．年間に，低地で少なくとも年1500〜2000ミリメートルの降水量を稼ぐ湿潤熱帯域でのみ，山岳域からの水供給に頼る必要はなくなります．ここで注意しなければならないのは，いままでに述べてきた事象や各種文献にある降水量分布・流量といった値が，特に途上国の山岳域では必ずしも正確ではないという点です．ある地域では，適切なデータが収集されていないだけではなく，政治的理由により政府がそれらを収集しようとしない事態も発生しています．

　温暖化が進行し，世界の人口と水の需要が増加するにともない，水循環に関するすべての項目についての情報を収集する必要性がますます高まっています．重要課題として，雪で降るか雨で降るか，それがいつの時期か，といった降水形態の変化や，それに関係した氷河の融解変動があげられます．ボリビアのパッズとエル・アルトのように，年間の水供給の15％，乾季にあっては27％を氷河に依存している都市では深刻な問題です．世界のほとんどの氷河が後退しています．氷河が長期の年月をかけて水を山岳や低地にもたらしていることを考えると，世界の多くの地域でいままで確実だった水

の供給源が消失することになります．例えば，エクアドル・アンデスの 4039 メートルに位置するコタカチ氷河ではこの問題が現実的に発生しており，ほとんどを降雨か降雪に依存している現状で，地元では水に関する論争が高まっているのです．これは，アルプス，アンデス，ヒマラヤ，東アフリカなど，氷河からの水に多少でも頼っているすべての国が抱える将来の課題の縮図です．

山で水を収穫しよう

　山岳域のほとんどの水が低地の農業に使われる一方で，山岳の農業にとっても水は生命線です．灌漑システムは世界中の山岳域で見られ，水を貯め適切な時期に適切な場所に供給することで，穀物を成長させ最適な収穫をもたらしてきました．最も簡単な方法は，小川を堰き止め，草地に氾濫を起こし，牧草や干し草をつくり出すものです．より複雑な方法では，運河を用いて標高の高い湧水地から畑地に水を引きます．スイス・アルプスのヴァレー地方のビスやオマーンのファラジとよばれる水路（図7）のように，岩石や木板に沿って建設された河道で，岸壁に沿って数十キロメートルにわたるものもあります．さらに複雑なものとしては，イランで 2500 年前に初めて開発されたカナートとよばれる地下を使ったものがおそらく最初の技術で，それが東に伝播してアフガニスタンに到達し，西へは北アフリカを経由してキプロスに到達しています．それらは集水システム，貯水池や水槽，地下のパイプなどを通じて農地に水を運びます．これらの方法では，蒸発を最小限にとどめるために，建設・保守の

図7 下流のオアシスに水を届ける灌漑施設（オマーン，アル・ジャバル・アル・アフダル地域）．

ため多くの人力を必要とします．イラン，中東，北アフリカでは，いまでもこれらの多くが数百年の年月を経て使われていますが，人手不足になったり，地下水のくみ上げをもっと簡単に行えるようになった結果，その他の地域では水は消失してしまいました．

最近の技術の一つとして霧の捕獲を紹介しましょう．これは1980年代以降に，チリのアタカマ砂漠のような乾燥した山岳域で使われ始めました．特に午後から夜間にかけて山に立ちこめる雲水は，植生が少ない地域ではなおさらですが，必ずしも降雨を生じません．高所に設置された，フォグ

キャッチャーとよばれるポリエチレンメッシュのフェンスがこの水を捕えて貯め，貯まった水は農業や植林に使われ，国内の農村に引水されます．設置や維持は比較的低額ですみます．フォグキャッチャーは，カーボベルデ，エチオピア，メキシコ，ペルー，南アフリカ，イエメンといった国でも設置されるようになっています．このような形の技術でもたらされる水資源は，気候変化による水不足の危険を回避するかもしれません．氷河やその融解水に依存している灌漑システムでは，雲水が枯渇すれば穀物の生育も困難となります．一方で，気候変化により雲がより高標高で形成されるようになれば，フォグキャッチャーもより高いところに移動する必要が生じ，設置もますます困難になるかもしれません．

水がもたらすエネルギー

　山岳の川や流水が急勾配を流れ下るということ自体，それらがエネルギーを生む高い能力をもつことを意味しています．最も簡単な技術である水車小屋は，現地の物を使って構築され，数世紀も前から発達していました．世界各地でその痕跡は見つかっており，例えばヒマラヤの村では少なくとも25万個の穀物用の臼が見つかっています．一方で，伝統的な水車小屋は壊れやすく，あまり効率的ではありませんでした．そこで，援助機関や政府による助成で木質部を金属や合成素材に交換するようになりました．最近では，これらの粉砕機が発電が可能なように改良されています．最も簡単な方法としては石臼に自転車の車輪を固定し，それが回転すると車輪から伸びるベルトが発電機を回してバッテリーを充電す

る仕組みです．発電量を増やし穀物も挽くために，小型のタービンが小川や本流に敷設されています．ネパールにはこのような小型の水力発電が2000ヵ所以上もあります．発展途上国では，経済的に成り立つと判断された多くの投資努力の結果，24時間の発電が可能となり，電力は夕方の電灯やテレビに使われるだけではなく，例えば機械仕事，手工業，農産物の加工といった小規模産業や通信事業を通じて，日中も地域の経済援助に使われるようになりました．観光客がたくさん訪れる場所では，電力は調理にも利用でき，近隣の森林を消費する直火調理を減らすことができます．先進国の山岳域でも，小規模発電は再生可能エネルギー開発の掛け声に呼応して拡大しており，アルプスではこれらの施設のための数百にも及ぶ応用分野が生まれています．

これら小規模の新しい試みが山岳地域における水力発電の一翼を担っている一方，もう一翼を担う大型プロジェクトの例として，カナダやアメリカのコロンビア川流域に見られるような大規模ダムがあげられます．これは世界で最も手が加えられた流域で，主流で建設された14のダムとその支流にある400以上のダムから，電力および灌漑用水が供給されています．世界でみると水力発電が150ヵ国で20%の電力供給を行い，将来の開発に対する潜在能力は大きいのですが，開発レベルの幅も大きいのが事実です．例えば，アルプス諸国では水力発電ポテンシャルの76%が開発されていますが，ネパールやエチオピアではほんの1%しか開発されていません．これらの途上国では現在もダムが建設されつつあります

が，それらは時として外部から資金提供を受け，輸出用にエネルギーを供給しています．現在のダム建設率は，インド，パキスタン，ベトナムといったアジアで高く，特に中国は水資源に依存して急激な経済成長を遂げたことも考えると，世界でも最も率が高いと言えます．中国の水力発電量は世界でも最大で，地方における小規模プラントから三峡ダムに至る大型プロジェクトまでが，都市や産業に電力を供給しています．中国をはじめとする世界各地で，大型プロジェクトは一義的に低地の住民や経済に利益を生みます．彼らは電力を得るだけではなく，灌漑，洪水対策，そしてより確実な船による輸送のために水を利用しています．一方で，山岳域の人々は，農業に最も価値のある土地や陸路を失い，時には移住を強いられます．三峡ダムの場合，これは120万人に相当しました．発電所の近くに住む人々は低額な電力を得ることができるかもしれませんが，途上国では多くの人がこれらの電力を直接入手することはできません．その結果，大型プロジェクトは多くの問題に直面しています．発展途上国での社会的課題として見ればコミュニティーの移住のための代償が不適切となり，先進国での環境問題として見れば山岳景観の破壊に対しての懸念となります．さらに，希少な絶滅危惧のある山岳生態系や種の消失にもつながります．

利益を共有し危険を回避するために

　山岳の水がもたらすさまざまな恩恵を分かち合うために，多くの努力がなされてきました．谷の規模で言えば，灌漑システムが良い例です．これは，コミュニティー全体でつくら

れた比較的大がかりな企画で，多くの労働者を投入する必要がある反面，人々の利益にもつながります．一度それが構築されると，システムを維持し利益が平等に配分されることを担保するために，公共的な機関と規則が必要となり，その結果，システム数は増え，ますます複雑になりがちです．過去1000年の間に，オマーンの山村では，年配者たちは灌漑用水を維持するためにワキールとよばれる代表者を指名し，公平な水の分配を確保するために厳格な順番で水門を開けていました．パキスタンのフンザ谷では，一つのシステムをいくつかの村で共有する場合，共通の目的のためにそれぞれの村で監視人を指名していました．同様に，水車も共同で構築されることがあり，それぞれの家族が穀物を挽くための時間を割り当てられる権利を有していました．このような使用者による管理システムは，取り次ぎ組織による管理よりも首尾一貫してすぐれています．というのも，ほとんどの場合，コミュニティー内で生じる効率的な社会統制やより説得力のある課税に基づく拘束力が生まれるからです．

山岳域のコミュニティーは，地域の利益や収入のために，小規模水力発電プロジェクトを展開する傾向にあります．この時，コミュニティーのメンバーにどのようにして収益を配分するか，つまり電力を得るのか現金を得るのか，事前に了解をとる必要が生じます．一方，「水がもたらすエネルギー」の節で書いたように，大規模プロジェクトはおもに外部の利益のために発達してきましたから，電力会社とコミュニティーの間の相互利益に関する協定を構築することができま

す．山岳の人々に下流の利益のための補償をすべきであるという認識が生まれた二つの事例として，1916年のスイスと1917年のノルウェーで通過した法律があります．そこでは，彼らの土地で水力発電開発を行う権利を認める代償として，自治体に一定の年金と無料か格安の電力を割り当てる権利を与えています（図8）．ノルウェーでは，ベルゲン北部のモダレンのコミュニティー（地方共同体）が一受益者として注目されています．そこでは1975年以来三つのダムと四つの発電所が領地の中に建設されてきました．その結果，372の住民が電力を通常価格の半額で購入し，コミュニティーは年間5000万クローネ（約500万ユーロ）を受け取り，その資金は道路，各家庭への無料ブロードバンド，カルチャーハウス，幼稚園，新たな学校，高齢者向けセンター，地方のビジネスおよび起業家の援助といったさまざまな目的に使われています．途上国も同様の代償体系を導入しています．例えば，コスタリカでは，1996年に制定された森林法により，山岳の水を使った水力発電会社や良質の水に頼る醸造所は，流域を適切に管理するために，山岳の所有者にお金を支払う必要があるのです．

山岳集水域が絶えず変動していることを考えると，山岳および低地の人々に恵みをもたらす河川が，時としておもな災害源となることは驚くべきことではありません．ヒンドゥークシュおよびヒマラヤからの水の80％を賄うインダス川流域が一例です．この流域は山岳域の小規模灌漑と世界で最も巨大な灌漑システムの両者を養っており，パキスタンの

図8 低地の都市に水力発電を供給し，地元に収入をもたらすスイス，オーバーアール湖とダムの様子．

GDPに占める食料生産の23％を賄っています．数千年にわたって，毎年，特に夏の融雪と季節風による雨で洪水が発生し，これにより低地に農業の恵みとなる流送土砂と水がもたらされます．一方で，洪水は自然災害も引き起こし，例えば2010年7〜8月には2000人の命が失われ，20万人に影響が及び，4000万ドルの被害が生じたと思われます．降水量が多かったことも確かに一要因かもしれません．しかし，森林伐採，湿地の干拓といった人為的要因もあるでしょう．さらに，河道を制限することにより安全性が増したとの考えが，居住域や関連施設の拡大を招き，水害対策そのものが災害を招いてしまった可能性もあります．人口増加にともなう水需

要の高まりの中で,気候変動は上流域の氷河の融解と極端現象の発生確率を助長するでしょう.山岳から海にかけた流域間での水供給と需要の両者を管理する多様な手段が必要とされます.

より予測不可能な事象として,おもにヒマラヤ,そしてアンデスやアルプスでも見られる氷河湖決壊洪水(GLOF)があげられます.氷河融解にともない氷河前方で発達した湖が突然,洪水を引き起こすのです.この洪水による影響は限定的な場合もありますが,流域が多くのダムや集水域や住民をもつ場合,下流への被害は甚大です.GLOFは中国とネパールの国境を越え,インダス川流域ではアフガニスタン,中国,インド,パキスタンで共有されている問題です.インダス川流域は,世界の人口の40%が居住し陸域の50%を占め2ヵ国以上を流れる214河川流域の一例にすぎません.ユーフラテス,ガンジス,ヨルダン,ナイルといった,山岳に端を発し水量が少ない流域では特に,これらの事例は国家間の緊張と摩擦を増強させる懸念があります.懸念事項が発生してはならないのですが,もしそうなったら,水使用に関する争いは国家間ではとどまりません.1950年代以降,水に関して発生した深刻な国際論争はわずかに37で,ほとんどがイスラエルとその周辺国であったのに対し,いまでは世界で150以上の条約が批准されています.しかし,国家間および国内での水に関する衝突を無視することはできません.人口増加,水利用の要求の増加,気候変化が降水時期と量の変化を促し,蒸発も増やす可能性が背景にあります.今世紀,山

岳の水がもたらす利益を，給水塔の管理者から下流の住民まで，なるべく公平に分配することが重要です．今後，これらを保証できる適切な技術と新しい制度が，村単位から国単位にわたるすべての規模で必要とされるでしょう．

第4章

垂直の世界に生きる

　山や山脈を遠くから,あるいは空から眺めると,山頂の表面に糖衣を振りかけた,雪と氷河をもつ層状のケーキのように見えます.これらの下には明るい色の草原あるいはツンドラが,そして次に森林（典型的には,高いところに深い色の針葉樹が,そして低いところに落葉樹）がきて,川や農地,農場,いろいろな大きさの集落,道路,鉄道が配置された谷がきます.これらそれぞれの垂直分布帯は,2世紀前にアレクサンダー・フォン・フンボルトによって認識されたように,植生の違いによって特徴づけられますが,垂直分布帯は気候,土壌,そして人による利用の違いでも認識することができます.アンデス山脈への観察旅行で,彼は五つのおもな垂直分布帯を記載しました.その観察旅行以来,五つの垂直分布帯には,英語の名前が与えられていて,低地のティエ

ラ・カリエンテ熱帯（アンデス山脈では900メートル以下），より冷涼なティエラ・テンプラーダ温暖帯（900～1800メートルの山地帯および亜高山帯），はっきりとした寒冷季をもつティエラ・フリア冷涼帯（1800～3600メートルの高山帯），一年の多くに積雪があるティエラ・エラーダ寒冷帯（4600メートルまでの亜雪氷帯），および一年のほとんどが積雪で覆われているか氷河で覆われているティエラ・ネヴァダ雪氷帯（4600メートル以上の雪氷帯）です．

フンボルトは，気候がこれらの高度帯を決める主要な要因であると認識しました．彼のモデルは，1802年にエクアドルのチンボラソ山の標高5878メートル以下の地点で行われた気象観測に基づいていました．その際，彼は，最高到達地点より390メートル高いところにある山頂に至ることができなくて失望しました．チンボラソ山は，当時，世界最高峰と考えられていた山です．1851年までに，彼はさらに広域を旅行し，他の探検家や科学者の研究の助けを得て，晩年の大作「コスモス」で，アルプス山脈，ラップランド，ピレネー山脈，テネリフェ島，およびヒマラヤを含めた，世界の山の主要な植生帯を地図で表しました．「コスモス」には，垂直分布帯を決める第二の要因が，緯度であることが示されています．すなわち，対比される同じ垂直分布帯は，高緯度地域から赤道方向に近づくにつれてだんだんと高い標高で生じています．地域的な空間尺度では，さまざまな垂直分布帯の標高は，方位によっても変わっています．言い換えれば，山の斜面が北向きなのか，あるいは南，東，西向きなのかによっ

ても垂直分布帯の標高が変わるわけです．北半球では，北向き斜面のほうが寒くて，南向き斜面と比べて無積雪期が短いので，垂直分布帯は北向き斜面でより低くなる傾向がありますし，南半球ではその反対になります．

　この垂直分布帯は，私たちの惑星地球上で，場所によって山の景観に違いを与えるおもな特徴の一つです．比較的小さな水平距離の違いでも標高における大きな植生帯変化は，緯度方向の水平分布帯を圧縮したものと対比できます．例えば，ある熱帯の山岳地域では，数十キロメートルの距離の中で，熱帯雨林から極域のような氷河の上の状態に移動することができますが，同じような体験を平坦な土地で行うには，数千キロメートルも移動をしなければなりません．ヨーロッパでは，山をわずか100メートル登ることと，低地を北に向かって100キロメートル移動することとが対比されます．しかしながら，これらは一般的な原則であって，山の気候，植生，土壌に影響を与えるさまざまな相互要因を考慮すると，この単純なモデルがいつも適用できるわけではありません．例えば，必ずしもすべての山が植生の明瞭な垂直分布帯をもっているわけではありません．北極圏に近い山では，ツンドラが海岸から山頂まで覆っていますし，非常に乾燥した山では植生がほとんどありません．標高によって異なる種が出てくるとしても，全体が完全に森林に覆われた熱帯の山もたくさんあります．

　山岳地域における過去から現在に至る人の土地利用からさ

らに別の要因を見い出すことができます．フンボルトは，植生の垂直分布帯の各々のゾーンが，ある特定の農業と最も良く合致していることを観察しました．アンデス山脈では，過去2世紀にわたって，垂直分布帯が変化してきました．いまでは，ティエラ・テンプラーダ温暖帯は，コーヒー，切り花，短角牛に最も適していて，ティエラ・フリア冷涼帯は，小麦，大麦，リンゴ，ナシ，乳牛に，ティエラ・エラーダ寒冷帯は促成栽培穀類，ヒツジ，リャマ，アルパカ，ビクーニャに最も適しています．しばしば家畜もそうですが，多くの山岳地域同様に，アンデス山脈のそれぞれの垂直分布帯の中身は，複雑なモザイク状の植生タイプをつくりながら，大きく改変されています．いくつかのケースでは伐採という，人が原因の極端な影響によって，ほとんどの植生が消失してしまい，2000年前からの森林伐採の結果，アドリア海や地中海の多くの山のようになってしまいました．最近では，いくつかの熱帯地域で，森林伐採と土壌侵食の後に，ほとんどの植生がなくなりました．極端な例の一つがハイチで，そこでは18世紀に，コーヒーを育てるために山の森林が伐採され，19世紀以降は木材のために木が採取されました．1923年には森林面積は国土の62%でしたが，1981年までに8%になりました．そして，今世紀初頭には2%に減少したのです．2013年に，ハイチ政府は，大規模な植林プログラムを宣言して，この難題に応えました．このプログラムでは，50年間で森林面積を29%にすることを達成目標として，毎年5000万本の木を植えることを目指しています．

大規模森林伐採のような劇的な変化は，山岳地域が，より広域な経済と結合した結果として現れます．そして，山岳住民と彼らの住まいの景観との間の伝統的な結びつきが崩壊します．しかし，過去2000年のほとんどの間，そして現在でさえも，いつくかの地域の最も伝統的な山岳社会では，その地域では生産できないあるいは見つけられない日用品がわずかしか売買されず，人々は生きるためにギリギリの生活を送っている傾向にあります．こうした社会の特徴の一つは，彼らが補完的に山の異なる植生垂直分布帯を利用し，時には近くの低地を利用してきた点にあります．その一例は，遊牧的な家畜飼育で，いまでも中央アジアやヒンドゥークシュ，ヒマラヤ，モンゴル，シベリアの山を含めたアジアの多くの地域で行われていますし，さらに，ノルウェーやバルカン半島，ピレネーを含めたヨーロッパ，西アフリカおよびアトラス山脈でも行われています（図9）．地球規模では，ヒツジ，ヤギ，ウシが最も重要な種で，その他の種としてはラクダ，ウマ，トナカイ，ヤクがいます．家畜は冬期には低地で飼われ，春にゆっくりと高所に移動し，夏に栄養価が最もある高所の放牧地に行きます．この頃までには，冬の雪が融けた後に植物が育つ時間は十分あります．秋には，牧畜民と家畜は春と逆の移動を行います．しかし，外部からの圧力の結果，過去1世紀の間に，遊牧的な家畜飼育を行う人と家畜の数は減少しました．これらの圧力の例には，中国が，インドやネパールからの牧畜民の移動を止めて，チベットの国境を閉鎖した時のような，国境の閉鎖があります．牧畜民と冬季に低地で家畜の放牧をさせたくない定住農家との間の軋轢や，欧

図9 東カルパチア山脈の遊牧的家畜飼育：ルーマニア，チウカシュ山地の羊飼いとヒツジ．

州連合の多くの地域で見られる家畜への補助金削減，家畜の価格の低下，あるいはそれら両者，そして，かつてソ連の多くの地域で生じたような低地への強制的移住のような（1991年以降，いくつかの旧ソ連諸国では元に戻ったケースがありますが），土地所有の変化が，外的な圧力としてあげられます．

　移牧は，夏に低地から高所の放牧地へ家畜を季節的に移動させる点で，遊牧的家畜飼育に似ています．しかし，移牧においては，低所の母村とよばれる永続的な居住地を家畜の所有者がもっていて，家畜が高所の放牧地にいる夏には，母村で穀物と冬の干し草が育てられます．家畜の面倒をみる牧畜民は，必ずしもその家畜の所有者ではありませんし，場合に

よっては所有者の家族でさえありません．移牧は，いまでも遊牧的な家畜飼育が行われているいくつかの地域で同時に行われています．例えば，アンデス山脈や北アメリカ西部，ニュージーランドです．しかし，こうした地域でも，同様の理由でその数は減っています．

　ほとんどの山域では，農民は家畜を所有していますが，その大部分の人は，生計を立てる主要な収入源として作物栽培に依存しています．しかし，多くの農民は，より定住的であって，伝統的には異なる標高にある小さな土地を耕すことによって，標高の違いによるさまざまな機会，すなわち，局地的な気候や土壌の違いの恩恵を受けながら，それぞれの場所で，異なる作物種や亜種を育てることができました．土壌が良いところ，あるいは十分な堆肥が土地を耕すのに使えるところでは，土地が何十年間あるいはそれ以上の期間にわたって使えるかもしれません．対照的に土壌が肥沃ではないところでは，農地をつくるために木を取り去り，3〜5年間は輪作し，それから10年かそれ以上放棄して，再び使うまでに回復させます．この焼き畑農業のプロセスは，いまでも東アジアや東南アジア，中央アメリカ，東・西アフリカ，アンデス東部の多くの山の中で，特に隔絶した地域において広く認められます．異なる標高帯を利用しようという努力の増大とリスクの分散は，自給自足に十分で，可能な時にはいつでも販売できるだけの収穫量を保証します．また，その努力の増大は，典型的には，年間を通した異なる標高での家畜の飼育と，多様な森林資源のさまざまな方法での利用によって

行われます．そのような自然の利用パターンは，いまでは最も高所を使う時間がない兼業農家が実施するようになっており，アンデスの国々やパプアニューギニアのような発展途上国と，アルプス山麓の国々のような工業国の両方の山で見られます．このため，垂直方向に配列された，非常に大きな変化に富んだ土地利用パターンが，いまでも世界中の山に存在しているのです．このような土地利用をともなう山域は，専業的な「家畜所有者」「農家」あるいは「林業労働者」ではなくて，多様な農畜林システムにおける無数の活動を遂行する人たちによって利用されています．しかしながら，作物を育てるのに最適な土地は，通常は定住集落の周辺にあり，一般的には個人所有されています．森林は，政府が接収していなければ，コミュニティーが所有していることが多く，高所の放牧地は，通常，コミュニティーの管理下にあります．

森林限界以上での暮らし

　動物は，たとえ地球上の最も高い山でも生きていけます．インドガンは，9000メートル近くの標高に達しながらヒマラヤを越えて，毎年移動を行います．地上では，ネパールの7400メートルもの高さの山の岩斜面にさえ，地衣類が生育します．そこからさほど低くない場所では，岩の裂け目や影になっているところで育つコケや小さな植物が生きています．これらの高所はあまり快適には思えないかもしれませんが，日照が十分で，一日の多くの時間で地表面付近の温度が高く，雨や雪解け水があります．これらの場所に住む成長の遅い植物は，とても短い成長シーズンの間に利用可能などん

な強みでも取り入れることができるよう，また，極端な温度，干ばつ，強風の中でも生き残ることができるよう，十分に適応しています．多くの山域の高地で雪氷藻という珍しい種の藻類が見つかっており，それは冬に雪で覆われる地域に一年中生息しています．この藻類は，雪が融けると，「スイカ雪」(赤雪)をつくりながら，発芽し，繁殖します．「スイカ雪」は赤いのですが，それはこの緑藻が，高い標高における極端に強い可視放射および紫外線放射から葉緑体を守るために赤い色素をもっているためです．トビムシのような小さな種の多くは，藻類を食べて生きています．トビムシは地球上で最も高いところに住む生き物です．ヒマラヤでは 6000 メートルを越える雪と氷の上で生きています．カブトムシ，蝶，ハエ，蛾，クモのような，その他たくさんの昆虫もまた，高所で見られます．バッタはアンデス山脈の 4200 メートル地点にいますし，蛾の幼虫はハワイのマウナケア山の同じくらいの標高にいます．これらは凍結に対しては強いのですが，多くの昆虫は凍らない程度の標高まで下って生きています．同じことがヒマラヤの 6000 メートル付近で生きる野ウサギやキリマンジャロの 5500 メートル以上で生きる野生のイヌを含めた，非常に高いところで見つかる，たくさんのほ乳類にもあてはまります．

　世界で最も高い場所に見られる植生は，ヒマラヤや東アフリカの 5700〜6000 メートルもの高さでパッチ状に分布しています．それがある程度連続的に分布するようになるのは，標高 4600〜5500 メートルです．この高山ツンドラは，他の

山岳地域ではより低所で見られ，北極域の山では海面近くにまで下がります．そこでは，維管束植物，すなわち，成長速度が遅い禾本類や草本植物，灌木，地衣類や蘚苔類が混在した植生が主となります．地衣類や蘚苔類は，標高と緯度の両者に比例して相対的に割合が大きくなる傾向にあります．したがって，スカンジナビア北部の高山ツンドラでは蘚苔類と地衣類が優先しているのに対して，アルプス山脈の高山ツンドラではこれらの種はほんのわずかしか存在していません．ほとんどすべての維管束植物は多年生です．非常に短い一回の成長期間に生活環を終えることは，ほぼ不可能です．すべての種のおよそ2%を構成する一年生植物がほとんどの高山地域で見られます．この割合は，成長期間がより長い亜熱帯のヒマラヤでは12%にまで増加し得ます．禾本類はしばしば茂み状の叢生草原を形づくり，広葉草本は湿度を保つためにロゼット状あるいはクッション状の形をつくって，芽や花茎を守り，昆虫が生き残るのを助けます．広葉草本と灌木が小さくて丸い形をしているのは，それらが厳しい条件下でも生き残れるようにしているためです．また，これらの植物は，数センチメートル背丈が高くても生存可能な微気候をつくれるのですが，こうした大きさや形は，成長と繁殖にとってはるかに適しているのです．例えば，アルプス山脈では，アザレアの密なカーペットの上と中の温度は30℃も異なることがあります．

　植物の丸い形は，風への抵抗を小さくし，着雪を防ぎます．高山では，表面に艶がある葉や，毛が生えている葉が育

つ角度が，強い紫外線放射から確実に植物を保護します．しかし，私たちが見ているのは，植物全体の一部でしかありません．これらの植物のほとんどの生物量（バイオマス）は，植物自身を定着させ，水と栄養分を吸い上げる根にあります．典型的には，土壌表面の下の生物量は，上の量よりも2〜6倍大きくなります．アルプス山脈では，数百年から数千年間生きるスゲ属の仲間にとって，その割合は，18倍にも達することがあります．しかし，すべての高山植物が背丈を低くして育つわけではありません．東アフリカやアンデス山脈では，4200メートルまでの標高，すなわち，パラモとして知られている植生が生えるところでは，大きな植物は2メートルかそれ以上になります．アンデスではエスペレティア，東アフリカではセネシオとロベリア，そしてハワイではシルバーソード（銀剣草）がこうした植物です．見た目が奇妙なこれらの植物は，日中は開いて，夜は霜から芽を守るために閉じる，平たい葉でできた大きなロゼットで覆われた茎をもっていて，根に貯水タンクのシステムをもつことでうまく適応しています．また，これらの植物は，微小な生息地を利用する昆虫に住処を提供しています．

　山岳地域によっては，多くの種類の動物も高山ツンドラに生息しています．比較的小型のハタネズミ，ネズミ，地リス，イタチ，マーモットや，大型のマウンテンシープ，ヤギ，キツネ，オオカミ，クマといったほ乳類は，高山ツンドラに長年にわたって住みついています．冬には，小型動物の多くは，地中に引っ込み，冬眠したり，あるいは雪の保護の

下で生きます．大型動物の中では，唯一，クマが冬眠をします．他の大型動物は高地と低地の間を移動する傾向があります．渡り鳥を含めた鳥の多くは，その体の大きさにかかわらず，低い高度帯も使い，夏には昆虫や栄養価の高い植物から恩恵を受けます．ほとんどの鳥は一年を通して高山ツンドラに滞在することはなく，気温が下がると，渡りを行うか，低い丘に移動します．今日，世界の多くの高山ツンドラで，少なくとも夏の間に最も頻繁に見ることができる動物は，この章の初めで触れたように，放牧されている家畜です．伝統的には，ヨーロッパの山では，高い山の中の唯一の建物であった，小さな別荘あるいは小屋があることで家畜の放牧が可能でした．一方で，世界の他の地域では，テントや移動式住居が使われる傾向にありました．20世紀中頃以降，このパターンは大きく変化しました．それは，高山帯が山岳ツーリズムの大きな注目を集めるようになったためです．アルプス，アンデス，ヒマラヤ，ロッキーやその他の山域では，冬のスキーや夏のさまざまな活動のために，長きにわたってつくられてきた集落よりもはるか高所にリゾートがつくられました．そして，家畜は，生計の手段としての重要性をどんどん失っていきました．しかしながら，家畜は，観光経済に対して重要な貢献を果たすでしょう．例えば，観光客は，家畜を景観の一部として見に来ますし，チーズのようなローカル・フードの資源として重要です．林間の放牧地は，観光客が冬にスキーを行う際に，雪崩のリスクを最小限にとどめてくれます．登山者組織は，雪氷帯に至るさらに高所にさえ，登山やスキーのベースとして使う山小屋を建ててきました．

これは，アルプス山脈で19世紀中頃に始まった現象で，それ以降，こうした活動への興味が増大し，山奥へのアクセスが改善されたことで，世界中の山岳地域で広がりました．

山の森林

　山岳景観における最も明瞭な境界線の一つに，森林限界，すなわち森林が存在する上限があります（図10）．この上限は，時としていきなり直線的に出現しますが，多くの場合は直線ではなくでこぼこになっています．森林限界の存在理由については多くの理論があります．最近の研究では，ほぼすべての樹種の天然の森林限界は，積雪がない時期の木の根の平均温度で決まっているとされています．もしも木の根の温度が低すぎると，正常に機能できなくなります．その限界温度は，世界中でほとんど差がなく，温暖地域や地中海地域の山では7～8℃で，亜北極圏や北方圏の山では6～7℃，赤道の山では5～6℃です．密集して育つ樹木は，地上に届く太陽放射をさえぎり，土壌の温度を下げます．これに対して，ツンドラや草地で点々と生えている樹木は，より暖かい土壌の中に根を張るので，生き残ることができます．結果的に，自然の森林限界は，卓越する気候と樹木密度との相互関係によって決められているのです．一方，世界の多くの森林限界は自然に形成されたものではありません．人が木を伐採すれば森林限界は低くなっていきますし，火を使うなどして夏の放牧地を拡大することによっても森林限界は低くなっていきます．そのプロセスは，さらに火入れの繰り返しによって継続して起こります．また，新しいあるいは再生した樹木を食

図10 カリフォルニア,シエラネヴァダ,ローズ山のおよそ3100メートルにある森林限界.

べる家畜や野生動物によっても継続して起こり,その結果,自然状態よりも低い標高に森林限界が維持されることになります.森林限界の低下範囲は,山脈ごとに相当異なります.例えばスイス・アルプスでは200〜300メートルで,ヒマラヤからヒンドゥークシュ,カラコルム一帯では500メートル以上,そしてボリビア・アンデスでは800メートルにも達すると推定されています.これらの値がさまざまなのは,森林限界付近の樹木が,非常に長い期間にわたって生存し,その間に大きな気候変化を経験しているためです.スコットランドの山のように,いくつかの山では,自然に形成された森林限界はほとんど残っていません.ただスコットランドには,

唯一の特別な例として，ケアンゴーム山地のクリーグ・ファクラッチ山があり，そこでは標高650メートルにヨーロッパアカマツが育っています．

　地球上で最も高い標高に存在する森林は，ペルー・アンデスの標高5000メートルの雪線直下にあり，キヌワルという樹木で構成されています．この森林面積は，1万年に及ぶ火入れ，家畜の放牧，および気候変化を受けて，元々の2%しか残っていないと推定されています．熱帯の多くの山では，最も高いところに生育する樹木はエリカ属の樹木で，ヒースやシャクナゲ，そして北半球の温帯の山では森林限界以上で低木として育つブルーベリーからなります．一般に，熱帯の山の森林では，常緑広葉樹が優先しています．これらの山では，山頂から山麓までが森林に覆われていますが，標高が異なると明瞭に違った森林が出現します．低地に向かうにつれて，種数と樹高の両方が増大し，林層も1，2層から3層に変化します．高い湿度に依存している，ある特殊なタイプの森林が，アジア，南・北アメリカ，および範囲は狭いですがアフリカにおいて，熱帯から亜熱帯の山の1000～3000メートルで見られます．これらの山の熱帯雲霧林は，樹高が6メートルまでと比較的低く，コケやゼニゴケで覆われた樹木からなります．熱帯雲霧林は，多くの希少種があることと，下流域の住民の水源となることの両方の理由で，とても重要です．一方で，熱帯雲霧林は，過剰伐採，農地や放牧地への転換，その他の開発の結果，地球上で最も危機に瀕した生態系の一つです．

常緑のブナ（*Nothofagus*）のような常緑広葉樹は，南半球の多くの温帯の山で，上部および下部の森林で優先しています．ただし，オーストラリアのように例外もあります．そこでは，ユーカリ属のスノーガムが上部の森林をつくっています．また，チリ南部やニュージーランドでは，常緑のブナとさまざまな針葉樹が優先していて，チリ南部ではチリマツ（*Araucaria*）が，ニュージーランドではマキ（*Podocarpus*）が含まれています．北半球の温帯の山では，非常に湿潤なところから乾燥したところに適応している，マツ，トウヒ，モミなどの異なる種類の針葉樹が最も高い標高で見られる樹木です．いくつかの場所には，秋に葉が金色になる時に特に目に付くカラマツが存在しています．これらの森林にも，豊富な種類のコケと地衣類が存在しています．スカンジナビアや東アジア，ヒマラヤの一部のように，競争する針葉樹が少ない北半球の別の場所では，落葉樹が森林限界で優先しています．主としてカバが，その他にはハンノキ，アスペン，ブナが見られます．落葉樹は，西ヨーロッパ，アジア東部，北アメリカ東部の低地でおもに見られます．多層の森林における優先種は，トネリコ，ブナ，カバ，クリ，ニレ，ヒッコリー，シデ，カエデ，オークです．葉が落ちる前に色づく秋には，見事な森林になり，「紅葉ツーリズム」は，ハンプシャー，メイン，バーモントの三つの州で年間2000万人もの人を惹きつけています．

　世界の山で，森林は合計900万平方キロメートル以上の面積を覆っています．すなわち，地球の陸地の4分の1以上が

森林で覆われていることになります．その半分近くが針葉樹で構成されていて，特に北半球の中緯度から高緯度にかけては，針葉樹の森林が多く見られます．残りの200万平方キロメートルは湿潤な熱帯森林です．熱帯森林の多くのタイプは，ものすごい数の樹木でできていて，それらは多様な方法で使われています．建築その他の目的による個々の樹木の伐採から，材木やパルプを地球の反対側の市場に供給するために，カナダ西部や，シベリア，東南アジアで行われてきたような大規模な皆伐まで，いかなる規模でも材木の採取は行われます．山の木材は，世界中の山岳住民にとって建築資材として最も重要なだけではなく，エネルギー資源としても極めて重要です．山の木材は，さらに近くの都会に住む人たちにとっても，薪燃料や炭として重要な資源だと言えます．

　森林の構成要素の中で地方経済にとって重要なものは樹木だけではありません．その他には，動物，竹やサトウキビ，家畜の飼料，果実，薬，キノコ，ナッツ，樹脂などがあります．発展途上国では，これらの生産物を合計した価値が，木材そのものの価値より大きくなることがあります．これらは，直接的に，あるいは販売できるものから得られる収入を通して，継続的に，あるいは少なくとも季節的に健康や生計に貢献します．そして，これらは，貧困軽減の重要な戦略の一つとして，ますます注目されるようになっています．ヨーロッパの多くの山では，スカンジナビアや中央ヨーロッパのような他の場所から安価な木材がたくさん供給される一方で，急峻な地域で木材を運び出す際の高いコストが合わさっ

て，伐採の価値がほとんどなくなっています．しかしながら，他の資源，例えばシカやその他の野生動物は，鑑賞としても食料としても重要です．また，森林の中でしか生育できないキノコは，同じ森林の中の樹木よりもはるかに大きな価値をもつことがあって，特に重要です．例えば，イタリア，パルマのヴァル・ディ・タロの人々は，ポルチーニというキノコで，一世帯で平均して年間 2000 ドルを稼ぎます．山の森林で採れる野生のキノコの国際取引は，少なくとも年間 2000 万ドルに値すると推定されています．高い価値のあるキノコは，ヨーロッパの他の山や，北アメリカ西部，アジアの山でも採取されています．例えば，カナダのブリティッシュコロンビア州では，木材とシャントレルというキノコの両方のために，針葉樹林の森林がよりきちんと管理されるようになっています．また，韓国の山村では，貧困な世帯の出身者が，マツタケで年収の 5 分の 1 近くを稼ぐこともあります．

　山の森林には，山のコミュニティーにとっても他の地域の人たちにとっても，重要な価値がいろいろとあるのですが，その価値を簡単に計ることはできません．雪崩や落石などの自然災害を防御する森林の重要性は，何世紀にもわたって世界のいくつかの地域で認識されてきました．スイス・アルプスで最初につくられた森林伐採に対する地域的な規則は，集落を守るためのもので，13 世紀に合意されました．これらの規則は，地域の合意があったにもかかわらず，森林が伐採されて森林限界が低くなったために，かつてない大規模な

「自然災害」がくり返して発生した後に，経験に基づいてつくられたものです．1873年に，連邦政府の最初の森林法が通過し，広範囲での植林の普及と森林での活動の規制につながりました．いまでは，それは，すばらしい投資であったと言えます．なぜなら，もし森林がなければ，恒久的な建造物の設置によって雪崩から集落を守るのに，10億ドル以上のコストがかかると推定されているからです．同様に，アルプス山脈の他の山域では，バイエルンの森林の63％が土壌侵食を防ぐ役割をしていて，42％が雪崩防止の機能を果たしています．過去1世紀の間に，ヨーロッパの山では，植林の結果だけではなく，土地放棄のために森林面積が増えています．その結果，森林の役割は，より大きくなっています．植林と土地放棄の二つのプロセスの結果，スイスの森林面積は，1860年代以来，60％増加しています．

　対照的に，地球上のあらゆるタイプの森林の中で最大の伐採速度が見られるのは，熱帯高地の森林で，年間1.1％に達します．これらの森林も，特に降水量が多い地域で，侵食や地すべりを防いでいます．山の中や周辺に新しい道路がつくられて人口が増える一方で，自家消費と販売目的によって木材採取が増えるので，これらの役割はどんどん重要になっています．しかし，焼き畑や長期間にわたる農業のために人間が森林を伐採することで，森林はしばしば危機に瀕することになります．結果的に，地すべりが何百人もの命を奪い，重要なインフラを破壊した，ウガンダの山の例のように，自然災害の頻度と規模が増大しているのです．

地球規模では，山の中に住む人の数だけでなく，山岳地域を訪問したり旅行したりする人の数が20世紀中頃から急増しており，災害から人々を守る森林の機能がますます重要になってきています．旅行者増加のおもな理由の一つに，山岳ツーリズムの大きな成長があります．山の森林は，さまざまなスポーツの場であり，山岳景観の重要な一要素であり，さらに山へのアクセスのために使われる道路や鉄道を地すべりや雪崩から保護する機能をもちます．この点で，山の森林は，山岳ツーリズムの発展と維持に重要な役割を果たしています．同時に，山の森林がこうした保護の役割を担っていても，極端な自然現象が発生した際にはこの役割を果たせない可能性があります．例えば，森林は，浅い地すべりを防ぐことはできますが，地殻運動や地震によって生じる深い地すべりを防ぐことはできません．最近の深刻な例に，2005年10月にパキスタン北東部を襲った大きな地震があります．この地震は，およそ10%の農地に影響を与え，8万人以上の命を奪い，さらに300〜400万人に影響を与えた地すべりを引き起こしました．同様に，森林は，中規模の嵐には耐えることができるかもしれませんが，極端な強風には耐えられません．一例として，2004年11月にスロバキアのタトラ国立公園では，多くの森林が破壊されて，景観が完全に変えられてしまいました（図11）．そのような極端な自然現象は，将来の気候変化にともない，これまで以上にさらに頻繁に起こるでしょう．注意深い森林管理が必要であることは明らかです．

図11 1万3000ヘクタールを覆っていた森林のうち,材積300万立方メートル相当の樹木が,2004年11月19日の暴風で根こそぎ倒された.スロバキア,タトラ国立公園.

谷底と農業

　集落がない山の谷やハイカーとハンターが訪れるだけの谷には,たくさんの種類の鳥やその他の動物が生息し,沼地,草原,森林,そして灌木の茂みが残されています.比較的高密度に人が住んでいるヨーロッパ,アジア,ラテンアメリカの山でさえ,そのような谷の多くは,特別に国立公園や自然保護区に指定されています.一方で,平坦な谷の土地は農業や集落に最も適しているので,谷底は,植生の刈り払い,耕作,湿原の排水路,洪水制御のための河川流路の直線化,および建物や交通インフラの建設によって大きく変えられています.一般には,価値の高い農地に集落が拡大すると,そこ

の人口密度は都会の人口密度に近づいて，食料需要の増加につながることになります．

工業国の山では，農業は一般的に経済の主役ではないかもしれませんし，正規雇用をたくさんもたらしてはくれないかもしれません．農業従事者は，ヨーロッパ全体の山では，例えば，ポルトガルで20％強，ギリシャ，ルーマニア，およびアイスランドで10％強に達しています．多くの農家はパートタイムで，農業はどんどん機械化され，政府は欧州連合から補助を受けています．一方，熱帯の山では状況が大きく異なっています．そこでは，特におよそ900〜1800メートルの低い山地の気候と土壌が，低地よりもさらに高い生産性をうみ出すために，農業はいまでも重要です．また，この標高は，マラリアやその他の病気が低地よりも勢威をふるっていないので，居住地としても適しています．このため，低い山地のほうが，人口密度が高くなっています．より乾燥した山や，より温暖な山とは違って，中米やパプアニューギニア，その他のアジアのような地域では，通年にわたって良好な農業が可能になり，通年型の農業の機会によって，季節的な移動が不要になります．

良い土壌と水の存在は，谷底が多くの作物を育てるのに理想的であることを意味しているのですが，人口が増加すると，谷底では土地がしばしば足りなくなります．谷底がすべての作物に最適な条件を与えるわけではないので，結果的に，農業は，谷の両側や恒久的な畑地，段々畑の上でも行わ

れ，また斜面があまり急でないところでは，焼き畑の一部としても行われます．多くの場合，これらの目的で使用されている土地は，かつては森林であったので，もしも斜面が豪雨によって不安的になると，あるいは特に地震が発生すると，土壌侵食や地すべりのリスクが大きくなります．そのようなリスクは，注意深い農地化，休閑期間の設定とそれらの管理，混農林業（アグロフォレストリー），段々畑の注意深い維持といった，さまざまな技術で小さくすることができます．

　段々畑は，山岳景観の中で最も特徴的かつ注目すべき形態で，時には45度もの急な斜面でも見られます（図12）．段々畑をつくるには，長い時間がかかります．例えば，ペルー・アンデスでは3ヘクタールの段々畑をつくるのに延べ610人・日が必要で，ブータンの急斜面では1ヘクタールに延べ1320人・日が必要とされます．最も急な斜面では，一段一段の平らな面の間にある急な土の壁の高さが2メートルを超えることがあります．段々畑は，しばしば太陽に面した斜面につくられ，そのため特に灌漑水が引き込まれる時期に土壌が暖められます．段々畑と灌漑システムはよく一緒に見ることができます．個々の農家がそれぞれの土地を所有していても，あるいはそれぞれの家族の土地が明瞭に区分されていても，段々畑は，灌漑システムと同様に，一般には共同で維持されます．そして，人と家畜の堆肥を加えることで畑が肥沃になります．より暖かく，湿潤で，肥沃な条件を持ち合わせた土壌では，生産性が向上します．それは，灌漑された

図 12 カナリー諸島,ラ・ゴメラ島のエルミグア谷の斜面に沿う段々畑.

段々畑が,灌漑されていない畑よりも,しばしばより高所でも維持できることを意味しています.一方,いくつかの段々畑は雨水でも涵養されます.パキスタン北部のように日射の

強いところでは，固果樹が木陰をつくり出して生産性を大きくしています．段々畑は，発展途上国だけではなく，ヨーロッパや北アメリカの山でも見られ，特にワイン用のブドウを育てるために使われています．

　農業生産の向上への対策の一つは，上記の目的のために使われる現存の段々畑の広さをどうするかです．需要がとても大きいところでは，可能であれば灌漑を行うことで段々畑をすべて使い，収量を最大にしています．段々畑の有無にかかわらず，耕作は，さらに急峻な斜面に拡大されます．需要が減少すると，最も急な斜面にある段々畑や，集落から最も遠く離れた段々畑は，放牧に転用され，だんだんと灌木林や森林に戻されていきます．例えば，ギリシャやスペインの多くの山の例のように，今世紀中頃までに広大な地域が未居住地になる可能性がかなり高い場合，本当に人口が減少し始めると，村の近くの段々畑でさえ森林に変えられます．もちろん，状況はいつもそう単純ではありません．作物用に使われる段々畑は減るでしょうし，あるいは放棄されるかもしれません．なぜなら，地元の働き盛りの年齢層が，仕事を求めて，季節的に，あるいは長期間，山から移住してしまうからです．これが，たくさんの男性が石油産業で働くために山を去った，イエメンの山の段々畑と灌漑システムの減少の理由の一つです．しかし，山村から外への移住があっても，地域の発展と低地からの人の移入の両方があるため，世界で最も人口密度が高い田舎のいくつかは，熱帯の山岳地域で見られます．これは，時として，土地とその他の資源を巡った争い

を引き起こし,さらにより多くの食料生産を必要とするようになります.この問題解決の方法の一つに,より急峻な斜面の上に段々畑をつくり,土地利用の回転期間を短縮し,(可能な場所では)灌漑によってよりたくさん導水し,(購入ができるのであれば)より多くの肥料を与えることが考えられます.ただし,土地への圧力の増大が,時に土壌の栄養分の低下,土壌侵食の増大,そして作物収量の減少につながることも考えなければなりません.

　生産を増やし,山の斜面を安定化させるもう一つの方法に,混農林業(アグロフォレストリー)があります.これは,その地域の自然の生態系と構造的に似た生態系をつくり出すことを通して行われ,そこでは人が利用でき得る限りたくさんの種が生産されます.伝統的なアグロフォレストリーのすぐれた一例に,少なくとも17世紀以来実施されてきている,キリマンジャロの斜面にあるチャガ・ホームガーデンというシステムがあります.そこでは,バナナ,豆,カルダモン,コーヒー,タマネギ,ヤムイモ,および木材が生産されています.そのホームガーデンのミツバチの巣からは,他の一般的なガーデンと比べて5倍の価値がある,薬効の高いハチミツが生産されます.多くの農家は,より乾燥した平地にも主食用作物を育てるための土地をもっています.ヒマラヤとアンデスにあるコーヒーと紅茶のプランテーションでは,日陰をつくる木が広く使われています.実をつける木や葉をもっている木は,家畜用飼料として使うことができ,あるいは有機肥料になるので,段々畑に沿って植えられること

がありますが，これは段々畑を安定化させることにもつながっています．豆，ピーナッツ，エンドウなどのマメ科植物は，食料を提供するためだけではなく，空中から窒素を吸収することで土壌の肥沃度を高めるためにも植えられます．注目すべき点は，食料生産に限られません．収穫時および貯蔵の間に，相当な割合の作物が害獣によって失われます．結果的に，より良い害獣駆除・収穫・貯蔵システムもまた，山の人々の食料安全保障を高めるために重大なのです．段々畑の土地所有が明確に決められると，この節で述べた多くのアプローチがさらにうまく進みます．農家の間や周辺住民への拡張サービスによる成功実践例や価値の高い技術革新を共有したり普及したりする効果的なメカニズムが存在しています．そして，政府当局や支配的な土地所有者とは違って，地元の人たちは，市民としての明瞭な義務と管理責任をもっていて，初期段階から開発プロジェクトの計画と実行に直接的に携わっています．

これまでの多くの議論では，食料を供給する農業に焦点を当ててきましたが，発展途上国の山の農家にとって，換金作物の栽培は，欠くことのできない収入源としてますます重要になっています．換金作物には，非常に幅広い種が含まれています．例えば，多種類からなるトウガラシ，特産品の野菜，および花があげられます．これらすべては，紅茶やコーヒー，タバコと同様に，個々の農家や，個人所有あるいは遠隔地の会社の所有による大きなプランテーションで育てられています．土地所有がはっきりとしていない場所や，外部か

らの説得があると農家が土地を売却してしまうような場所では，こうしたプランテーションは，食料作物と入れ代わるかもしれません．山はしばしば麻薬の栽培に最適な条件を有しており，同時に法律の施行があまり行き届かない比較的遠方の地域にあるので，麻薬が換金作物になることがあります．世界のケシの85％がアフガニスタンでつくられています．ケシは，ヘロインやモルヒネの製造にも使われます．マリファナは世界のあちこちの山で栽培されています．モロッコのリーフ山地は，最も重要な生産地域です．世界の大部分のコカは，ボリビア，コロンビア，およびペルーのアンデスの「ホワイト・トライアングル」で育ちます．これらの作物は，山岳住民によって伝統的に使われており，個人的な消費に対しては，政府が住民を起訴することはほとんどありません．山岳住民は，こうした作物を栽培してある程度の収入を得ます．しかし，彼らが価格を支配できる余地はほとんどなく，地元の犯罪者あるいは軍事指導者が「機密保護」と交換に儲けの一部を要求するため，山岳住民には，最終的な利益がほとんどないことを彼らは認識しています．麻薬の栽培もまた，森林伐採，土壌侵食，土壌の肥沃度の低下，水質汚染につながる肥料の使用など，環境に与える影響をもっています．

　ケシやマリファナ，コカ以外に山岳地域で育つ麻薬は，その地方で使われることが多いので，地球規模で大きな関心事になることはあまりありません．特定の国にとって最も影響が大きいと考えられる麻薬は，アフリカの角とよばれる地域

およびアラビア半島で育てられ,広く使われている,カート（ガット）でしょう.カートは大量の水を必要とし,イエメンでは,国家の水供給量の少なくとも3分の1がカートの灌漑に使われていると推定されています.この水は主として地下水で,首都サヌアの地下水面は,採水の結果,著しく低下してしまっています.イエメンの人口のおよそ15％が,カートの栽培,販売,輸送に携わっていますし,ほとんどのイエメン人がカートを噛んでいます.キンマの場合は状況がとても異なります.キンマは,おそらく世界で最もポピュラーな,刺激性のある麻薬で,南アジアや東南アジア一帯の人たちに噛まれています.それは,おもに山の農家によって栽培され,高い収入をもたらし,そして,有機肥料で補われた湿潤な土壌で育つので,環境への影響は小さいと言えます.

山岳集落

　世界全体では,山岳住民のうちおよそ70％が田舎に住んでいます.しかしながら,山岳地域の縁やその周りには,あらゆる大きさの都市もあります.特にこの状況は,熱帯および亜熱帯地域であてはまり,そこでは,低地よりも山が居住地として好まれています.それは低地では病気が多く,気候が快適ではないためです.結果的に,人口2100万人で,世界最大の都市の一つであるメキシコシティー（2250メートル）や,ボリビアのラパス（3500～3800メートル）,エクアドルのキト（2850メートル；図13),コロンビアのボゴタ（2650メートル）をはじめとする,中央・南アメリカの多く

の主要都市が山の中にあります．中央・南アメリカ地域の住民の都市人口率は，それぞれ46％および55％です．東アフリカでは，山岳人口の4分の1が都市居住者です．アジアの中でも，特に中国で，大きな都市が山岳地域にありますが，世界最大の都市の二つである東京とジャカルタのように，アジアの大都市は山にとても近い場所にあります．一方，アジアの田舎の人口も非常に大きく，南・東南アジアでは山に住む人のわずか5分の1だけが都会に住んでいます．工業国全般では，山岳人口の3分の1強が都会に住んでいます．アルプスでは，ほとんどの大都市が山脈の縁にあります．その例外はボルツァーノとインスブルック，クラーゲンフルト，そ

図13 エクアドル，キト（およそ3000メートルの標高にある人口200万人以上の都市）．

してトレントです．これらの成長し続けている都市には，通勤者が都市中心部に毎日通う周辺部があり，国際的な交通ネットワークで機能的に結びついています．北アメリカでも，特に西海岸とロッキー山脈の近くで，山のそばに大都市があります．

　より小さな都市同様，山岳地域に位置するこれらの大きな都市は，その奥地にある田舎にサービスを提供します．また，これらの大都市では，地球規模の現象である都市化が進行しているため，雇用，教育，その他のサービスや機会を求めて，おもに田舎から人が引き寄せられています．さらに，交通さえ整っていれば，多くの人は，毎日，町や都市に通勤し，夜には静かな田舎の家に戻ることができます．発展途上国では，大きな山岳都市の周辺部は，典型的には人口密度の高い不法占有者，あるいはサービスが限定されているか存在していない不法居住者入植地で特徴づけられます．そして，居住環境は，成長がより速い小さな都市でしばしば良くなります．今世紀の間のうちに，さらに多くの人が山の中の町や都市に住むようになり，彼らは，山岳地域の中で，より大きな割合を占めるようになるでしょう．しかし，どのような山地でも，地形的に集落に適しているのは，比較的小さな面積の場所だということを覚えておくべきです．例えば，アルプス山脈では，わずか6分の1の面積しか集落に適しておらず，山の大部分は農地，森林，放牧地，そしてその上の山頂（時には氷河）で構成されているのです．

第5章
多様性の宝庫

生物多様性のホットスポット

　近年，アマゾンやコンゴ川流域のような熱帯低湿地に，非常に高度な生物多様性が存在していることが注目されつつありますが，熱帯山岳域は地球上で生態系が最も多様な場所です．例えば，エクアドルでは，1万7000平方キロメートルの熱帯山岳雲霧林が3411種からなる植生をはぐくみ，近隣の低地雨林7万平方キロメートルにおける種数よりも300種以上も多いことが知られています．熱帯アンデス山脈にまたがる5ヵ国のコケ植物の総種数は，全アマゾン流域のそれに対して7.5倍も多いと推定されています．国際環境NGOコンサベーション・インターナショナルによると，アンデス山脈は地球上に34ある「生物多様性ホットスポット」の一つであり，高度な生物多様性が現存するとともに絶滅の危機に

もさらされている，という点で重視されています．ホットスポットと定義されるためには，その地域に少なくとも1500の維管束植物の固有種（その地域でしか見られない種）が生息し，原生植生の70％以上が消失している必要があります．このようなホットスポットは地球の陸域のたった2.3％であるにもかかわらず，世界中の50％もの植生固有種と42％もの固有の鳥類・動物，虫類，両生類固有種を宿しています．ホットスポットのうちの25ヵ所は全域またはその一部が山岳域で，メソ・アメリカとアンデス山脈，ブラジル大西洋森林域，アフリカの角と東アフリカ山岳地帯，イエメンからマラウイ，モザンビーク，マダガスカル，インド西ガーツ山脈，ほとんどの南西アジアを含むスンダランド，スマトラ，

図14 イタリア，ドロミテの固有種アイベックス (*Capra ibex*).

ボルネオなどが相当します．その他，カリフォルニア，チリ・アンデス山脈，地中海沿岸，トルコからイラン，南アフリカのケープやカルー，南西オーストラリアの亜熱帯・地中海性山岳域もあげられます．温帯・乾燥山岳域としては，コーカサスから中央アジアにかけての山岳やニュージーランドも含まれます．その他，例えばヨーロッパでも山岳域には非常に多くの種が生息すると認識されています．アルプスを例にとると，ヨーロッパ中の維管束植物の3割以上にあたる4500種が生息し，それらの15％が，虫類や動物同様に固有種なのです（図14）．

　このように高度な多様性は多くの要因が結びつくことにより，生み出されていると考えられます．一つめは大きな標高傾度で，斜面に依存した異なる微気候が多様な状態を結合させています．その結果，水平および鉛直方向のすべてのスケールで豊かで多様な生息地が存在し，これが，近隣の低標高地の森林に比べて熱帯山岳域でより多様性が生じるおもな理由になります．この多様性は，栄養物や土砂の堆積をともなう斜面上部の乾燥域から下部の湿潤域にかけた勾配，露頭と日陰といった地域差，残雪のため湿りやすい日陰の斜面と日が当たる乾燥斜面，といった地点間の差位や，土壌の厚さや種類，雪崩や地すべりによる攪乱の度合いの違い，といった相互に関係した環境要因を一緒に形成しています．二つめの要因として地質学的な時間スケールが考えられます．山脈が成長するとともに，生物種は新たな経路で移住し，彼らが統合するように生態学的なニッチ（最適となる地位）を開拓

していきます.一方,山岳形成期,それに引き続く侵食,気候変化,特に氷河期による障害はそれぞれの種を孤立させるため,彼らは異なる方法で進化をとげてきました.この二つの要因が,山岳域で固有種の存在率が高く,しかも一つの山脈だけではなく,一つの山体でも種が限定される重要な理由となります.世界中に生息する鳥の固有種の約半数が,熱帯山岳林のような山地で確認されていることからも,この傾向は植物に限ったことではないことがわかります.

　山岳生態系において高度の生物多様性が生まれた三つめの要因として,人間活動があげられます.ただし,これは地域によって異なる作用をもたらしました.温帯では,低地が数世紀にわたり切り開かれ開拓される一方で,急峻で不安定な山岳斜面は一般に土壌が薄く日当たりが悪いために,作物の成長には不適切でした.その結果,利用可能な場所は切り開かれ,日当たりの良い斜面は牧草地となりましたが,それ以外のほとんどは放棄され,そのまま森林として放置されました.高緯度では,天然の草原が夏に動物の牧草地となり,第4章で紹介したように,放牧地は火が使われ,人間によりさらに切り開かれました.逆説的に言うと,多くの希少植物種や昆虫が生き抜くためには,草刈りや放牧といった継続的な人間による干渉を必要としたのです.そのため,欧州委員会や政府は,これらの活動にこそ代償または援助をすべきで,さもなければ,土地が放棄され放牧家畜の数が限界レベルを下回ってしまう,としています.ただし,このようなパターンは一般論でしかなく,多くの例外があることを忘れてはな

りません.例えば,スコットランド・ハイランドの天然松林は1600年までに多くが木材として伐採されてしまい放牧地が広がりましたが,近年になってNGOの保全活動によって再び拡大しつつあります.

熱帯では,数世紀から1000年以上にわたり人々は低地を集中的に開拓してきました.効率的な灌漑や殺虫剤の使用により,農家にとって疫病の危険性が低下したこともありますが,あまり健全な状況とは言えませんでした.第4章でも触れましたが,収穫量は熱帯山岳の低標高域のほうが周辺低地に比べて多いのです.より高地でも時として焼き畑が行われ,牧草地や放牧に使われています.アンデスでは7000年,アルプスやヒマラヤでは5000〜7000年もの間,このような土地利用形態が現地の生物多様性に大きな影響を与えてきました.通常,焼き畑の規模が大きいほど,影響の大きさを算定するのは困難になります.入手可能な限られた証拠によれば,焼き畑の頻度や強度が大きいほど,植生を構成する種は少なくなります.樹木や低木はより矮小な低木林や草原に遷移し,一年草と貯蓄機能または地表面下で生き延びられる種である叢生草原の牧草地やその他の種は野火でも生き残ります.温帯山岳域では,たとえ動物が植物バイオマスの40%まで食べつくしても,適切なレベルの放牧や踏圧によって種の多様性を維持できます.しかし,過度なレベルの放牧や踏圧になると,パミールの山岳域やタジキスタンで見られるように,生物多様性の低下を引き起こします.放牧用の家畜は低標高域から,時として世界の他の場所からも,種を持ち込

み，それが時として現地で優占し分布拡大することもあります．

野火と放牧の相互関係は複雑です．放牧は野火の頻度と強度に影響し，野火はどの程度の何の種が放牧に利用されるかによって決定しています．どちらか一方が過度になると，種の多寡となり，家畜に受け入れられないか低栄養価か，その両者を引き起こします．植生被覆が潜在的に失われるため，流出量や洪水の増加という別の側面が生まれてしまいます．高山植生は，動物ではなく，現地の牧草で繁殖する昆虫とともに進化しており，このような影響はオーストラリア，ニュージーランド，パプアニューギニアの山で顕在化しています．オーストラリアではヒツジを導入したことで高山植生のほとんどが死滅し，その復元にかかる費用は，山の浄水機能や水力発電に関する損失を除いたとしても，放牧から得られる全利益の2倍と推定されます．すなわち，総体的にみると，山岳域の放牧地で高度の生物多様性を維持するためには，その地域の人，家畜，そしてそれらが利用している生態系の相互作用を理解する必要があるのです．このような理解は，学術研究のみならず，何世代にもわたって蓄積されてきた経験により培われた住民からの，土着あるいは伝統的な生態学的知見からも得ることができます．知識の普及と共有は，適切な管理システムを伝え，構築していくうえで不可欠なことで，放牧や山岳生態系がもたらす多くのサービスに生計を依存しているすべての人々が，積極的にかかわるべきことです．

生物多様性がもたらす確かな利益

　一般的に，人ひとりが山に入るだけで，数えきれないほどの種が減少すると言われます．高山のツンドラと草原生息地や山岳高所の森林域では，一部の種を除いて，属や科は多様ではなくなる傾向にあります．低標高の森林ではこれらに高い多様性が見られます．この豊かな生物多様性は，多方面にわたって人々に大きな利益をもたらしています．高山生態系には，家畜用の牧草だけではなく，薬用植物も育ち，狩猟やエコツーリズムにとって価値のある野生動物も生息しています．第4章で述べたように，森林は，さまざまな種の木材や繊維，葉，果実，実，キノコ，そして薬用や香料植物，食用やその他にも有用なさまざまな大型動物をはぐくみます．これらの産物のすべてが地域の生計を養い，時には消費者や商人による活動，輸出などの活動によって利益を生むことさえあります．ペルーの例をあげると，国土の半分が山岳域で，高い多様性を有するため，2万5000種の維管束植物のうち3140種が住民に利用され，そのうち444種は資材や建築に，292種は農林業に，99種は繊維生産に利用され，その他，化粧品，睡眠薬，酒，染料，鑑賞植物にも使われています．この数字には医療を目的とする数百種は含まれていませんが，ペルーの北アンデス山脈のみでも500種を超えると考えられます．

　発展途上国の山岳域では，生物多様性，人々の健康状態，生計の間に多くの関連が見られます．例えば，ネパールの山岳域の場合，人々の多くは自給自足の農業に依存しています

が，通学や日用品購入といった目的の現金も必要です．医者は5万人に一人しかいませんが，100人に一人の割合で薬が処方されています．つまり，人口の4分の3は，初期的な健康管理を2400種もある薬草に頼っているのです．種類によっては，植物のどの部分も薬になります．高山帯で45種，亜高山帯で114種，温帯で225種，亜熱帯で340種，そして熱帯で310種もの，輸出可能な薬用または芳香用植物が存在しています．現在，約100種が商業用に栽培され，32万3000世帯の人々が収穫に携わっていると推定され，2万7000トンが輸出され，3000万ドルの価値をうみ出していると考えられます．これはネパールで5番目に重要な輸出商品です．しかし，公的な記録によると，これらの値は半分から4分の1程度と非常に少なく見積もられています．つまり，これらの価値のほんの一部しか山岳住民に還元されず，ほとんどは中間商人によって搾取されていることを意味しているのです．インドや他のアジア諸国への輸出の需要が高まり，最も儲けがあり要望が高い種の収穫量は持続不可能なレベルにまで増加しています．その結果，ネパール政府は17の重要種に関して採集や取引を禁じ，高い価値を生む30種の栽培を推奨しています．しかし，この政策は功を奏していないようです．なぜなら，ほとんどの消費者は原産植物由来の医療品を好み，高額を支払う傾向にあるからです．収入を生む必要があるという規制が，法的に収穫を禁止することを無視する，という事態を生じているのです．地域の人々が，平等に薬用植物のもつ価値と利益をより確実に共有するためには，野生植物資源に関する持続可能な収穫，製品化，販売に

関して平等に参画できる構造が必要です．それらを構築する相当の努力とともに，効率的に実行してく必要もあります．種の育成のためには，政策者は需要が多い種を育て，野生種は過剰搾取であることを，叫ぶ必要もあるのです．一方で，耕作植物も現地の野生種と同等またはそれ以上に薬用価値があることを立証し，これらをどのように広め育成していくか研究する必要もあります．これらの知見は，将来，納得のいく市場連鎖のために導入されるべきで，その成果があってはじめて，生まれてくる商品を消費者が購入することになるでしょう．

　天然の生産物からとても高い収益が得られると，確実な持続的収穫が可能となる例として，ネパールと中国の場合を紹介しましょう．冬虫夏草（*Ophiocordyceps sinensis*）とは，オオコウモリガの幼虫に寄生したキノコを乾燥したものです．これは伝統的に薬用に用いられ，最近では広く催淫剤として知られるようになりました．その結果，チベットやネパールのドルポなどの遠隔地で重要な資金源となり，現金収入の半分を占め，世帯収入の第5位を占めるようになりました．過剰な収穫のために発生量が減少しつつあり，菌類が生息する草原に人々が殺到して多くのいさかいが生まれ，殺傷事件も起きています．2010年に中国農政局は冬虫夏草の栽培に関する研究センターを発足させ，現在では実験室内での栽培が可能となっています．一方で，種が絶滅する危機や紛争はいまだに継続しています．

ヒマラヤにおけるこのような事例は必ずしも良い見通しを反映していませんが，一方で，多様な種を持続的に利用し，利益を平等に分配する機能が効果的に働いている例を，他の山岳域で見ていきましょう．エチオピアには標高4000メートルに位置するカファ雲霧林があります．そこでは，野生のコーヒーであるアラビカコーヒーノキ（*Coffea arabica*）の原種がいまだに5000種も育成しています．野生のコーヒーは，多様な生物が繁茂するこの高度では，人間にとって価値のある多くの植物の中の一種にしかすぎません．その他にも，木炭，薪，果物，薬，スパイスや竹，つる，といった建築資材になる有用植物もあります．森の中にハチミツやワックスがとれる蜂が生息しています．65万人もの原住民は基本的に農民で，家畜を飼育し穀物を栽培し，庭ではコーヒーも育てています．彼らの生計がさまざまな面で森に依存している一方，1988〜2008年にかけて，伐採による農地への転換の結果，そして放牧，移住，別の場所への定住化のために，森林は約43％も失われました．2010年には42万ヘクタールの森林を含む76万ヘクタールが，開発と保全のバランスを探る目的で，ユネスコの人間と生物圏プログラムにより生物圏保護地域に指定されました．生物圏保護をうみ出すためのプロセスに4年が費やされました．そこでは，参加型の森林管理体制と家族計画プログラマーが配置され，すべての住民・政府役人・行政官といったステークホルダーに対して集中的かつ継続的に協議を行うよう働きかけました．このような運動は住民にとって多くの機会と利益をもたらしてきました．その結果，協調性が生まれ，6500戸が個人生産し

ていた時代に比べてより多くの，品質が高いコーヒーが生産されるようになりました．いまでは国際市場にも売られています．観光も行われるようになり，たくさんの鳥や野生動物を見学するためのハイキングなどで，地元のレンジャーやガイドの職をつくり出しています．森への負担を軽減するために，近年急成長しているコミュニティーフォレストリー体制（地域住民が参加して森林の管理を行い，利益を住民に還元する森林管理体制）が確立され，燃焼効率が良い1万台もの薪ストーブが導入されました．これらのさまざまな新規構想をもってしても，森林破壊を食い止めることはできませんが，森林破壊の速度を低下させ，人々に働く場を与え，収益を増加し森林や希少動植物への外圧を下げることはできるでしょう．その結果，野生生物を観光するという付加価値が増し，いまでは狩猟数も減っています．

山岳の文化

　山岳域は生物のみならず文化の多様性の宝庫でもあり，時として両者は密接に関係しています．前項であげてきた二つの例を引用すると，ネパールでは102のカーストと民族が確認されており，エチオピア南部のカファ生物圏保護区を含む南部諸民族州には80以上の民族がいます．生物と文化の多様性が深く関係していることは，ネパールでの薬用植物の使用例や，カファ地方で使われていたような豊富な森林生産物，野生種コーヒーの栽培化といった，伝統的な生態学的知見からもわかります．世界中の山岳域におけるこのような知見は，多くの植物や動物種が生態系の中で生き延びてきたこ

とを立証するために極めて重要です．この生態系は，耕作，森林復元システム，放牧，野原と交代していくうちに，「自然の過程」（といっても，ほとんどの場合，常に数世紀にわたり住民や家畜による若干の干渉が関与しているわけですが）に基づく勾配に沿って秩序立ってきました．その土地本来の種やさまざまな植物，動物，昆虫（例えば穀物の受粉に必要な蜂）は，すべての系の基本要素で，それらのもつ多様な価値のために住民がそれらの数を維持してきました．

　文化の多様性を測る物差しの一つとして，その地域で話される言葉や方言の数，周辺の低地との違いを取り上げることができます．例えば，スイスではフランス語，ドイツ語，イタリア語，ロマンシュ語が公用語で，それぞれにたくさんの方言があり，お互いを理解することがたいへん困難な場合があります．パキスタン北部は，文化の多様性が大きいために「巨大なエスニック博物館」と称され，スイスの4分の1に相当するフンザ谷に住む3万5000人の人々は三つの語源からなる四つの異なる言語を話します．パプアニューギニアの山岳列島は地球上で最も言語が多様な場所で，832もの言葉がいまだに使われています．あまりの多さに，お互いの理解のために，公用語として英語との混交語であるトク・ビジン語が広く使われ，それに付随して英語やオーストロネシアン語族であるモツ語の簡易版のヒリ・モツが使われています．

　スイスにフランス語系，ドイツ語系，イタリア語系があるように，世界中の山に住む人々のほとんどはより大きな文化

図 15 ペルー，クスコの女性．

集団の一部に属します．山岳域のみ，またはおもに山岳域に住む，といった集団もあり，例えば古代ロマンシュ語（スイス・アルプスのロマンシュ語やドロミテのラディン語といった言語），フンザのブルショー人の多くもそうですし，「エチオピアおよびその周辺国に住む 3000 万人ものアムハラ人，トルコ，イラン，イラク，シリアの山岳域をおもな居住地とする 2100 万〜3400 万人といわれるクルド人，第二公用語としてケチュア語を使用しているアルゼンチン，ボリビア，エクアドル，チリ，コロンビア，ペルーにまたがるアンデス山脈の 900 万〜1400 万人のケチュア語族（図 15），おもに中国からベトナム，タイにわたる少なくとも 1000 万人のミャオ族とモン族，中国とその周辺にいる 1000 万人のウイグル族，中国やタイ，ベトナムの 800 万人のイ族，チベットからヒマ

第 5 章　多様性の宝庫

ラヤやコーカサスにかけた 650 万人のチベット族」といったように，世界中に多数が存在します．これを見ると，過去数百年から現在にわたり，彼らは戦争や紛争に巻き込まれ，時には追放や同化を強要され，居住する国家や州から迫害されてきました．重要な天然資源や戦略的に重要となる前線域の山岳域に住む少数派にとっては（上記が両者の場合，なおさら），山から遠く離れた都市を拠点とする中央政府に対して主体性を維持することが一つの挑戦となります．

　文化の多様性は，信仰，建築様式，服装，穀物，調理，習慣，踊り，手工芸，音楽の差異に認められます．文化の多様性が生じる理由は，高度な生物多様性を導いた要因と似ているかもしれません．孤立化，主流な文化からの逃避，生態系のもつ多様性の活用，中心権力からの隔離，といった要因も考えられます．彼らの相互関係は時としてより複雑で，相対的に周辺から孤立してしまう場合，独自性を保ち続けたいために故意に多様性を持ち続けようとする場合，あるいは，観光客に対して特別な印象を与えることで利益が上がることを考えている場合が考えられます．一つ確かなことは，他の集団から山岳域の集団が完全に切り離されたことはいまだかつてなく，たとえ近づくのが困難な山域であっても，彼ら自身は物の売買のために山からの出入りを繰り返してきたということです．21 世紀になると，山岳住民はさらに広い世界に溶け込むようになりました．若者はラジオ，携帯電話，ビデオ，CD，DVD，テレビなどを持ち帰り，インターネットがつながるようになり，観光客の訪問も加速しています．

山岳民族に見られる際立った服装，祭り，手工芸，農業生産物は観光客にとってたいへん魅力的です．国や地域の予算計画や安全保障（現地のもめごとは観光の誘致や GDP の点でも望ましいものではありません）と同様，これらには，行政が準備した一種の「商品」価値があり，山岳民族の生計にも寄与することが期待されています．しかし多くの場合，これらの文化的特異性はもはや本来の意味を失っています．例えばお祭りの時期をおもな観光シーズンに合わせる，または避けるように設定すると，年一回の踊りが観光シーズン中，毎日行われたり，祭り用の食べ物が観光客向けに毎日準備されるようになります．タイやアンデスでは，伝統的な衣装が，現地でつくられたという理由で観光客に売られていきます．反対に，観光客の期待に沿うために，オーストリア・アルプスのヘルマゴル村では 1965 年に新しくその土地特有の服装をデザインしました．土産物やその土地の食べ物や飲み物に対する要求は，伝統的な農業慣行や手工業にルネッサンス（復興）をもたらします．時として文化的景観の中に生物多様性を保つこと自体が付加的な利益を生むこともあり，それが観光客を魅了することにつながります．品質が良く，製品が良い値段で効果的に市場に出回れば，それが雇用や収益の実質的な機会につながるので，挑戦する価値がありそうです．このように，文化の独自性と発現性を保護し強化することは，現地の観光にとって大きな基盤となります．ネパールのシェルパ族は，観光で得た資金を寺や僧院に投資しています．山岳域の文化は，現地の生態系，農作物，家畜と同様に，時として非常に固有なものです．一方で，山岳民族は外

界とますます統合されつつあり，彼らの文化は今後も変化し続けるでしょう．その変化があまりに急で，彼らが独自性や自信を失わないよう配慮することが，大きな課題であると考えます．

第6章
保護地域とツーリズム

保護地域

　世界の多くの国の政府が，山の生物学的および文化的ヘリテージの重要性を認識するようになったおもな背景には，国立公園や自然保護地域といった保護地域の設立がありました．保護地域は，南極を除く世界の山岳地域の 17％近くをカバーしています．これは，世界の低地（11.6％）よりもはるかに高い割合です．地域的な空間の広がりでは，保護のレベルがかなり異なります．南アメリカの北部の山岳地域は 50％以上が保護されていて，その他に保護の割合が高い山岳地域としては，北アメリカ西部，アフリカ西部，ヒマラヤ，および東南アジアの山があります．逆に最も保護の割合が低いのは，北アメリカ東部，南アメリカ南部，そしてアフリカとアジア大陸の多くの山岳地域です．また，それぞれの地域

の中でも,国によって山岳地域と保護地域の割合は大きく異なっています.

　山岳地域は,いつも保護地域の運動の中心にありました.世界で最初に正式な保護地域ができたのは,1778年のことでした.それは,ボグド・ハーン山地とその神聖なる価値を保護するための法令に満州の皇帝が署名した年でした.この山は,首都ウランバートルを見渡す,モンゴルで最も神聖な山です.そして1783年に,中国,清朝のモンゴル司法政府が,その美しさから,ボグド・ハーン山地を保護サイトとして宣言しました.1世紀近く後の1864年に,アメリカ合衆国政府がヨセミテを集落や商業活動から守るためにカリフォルニア州に譲渡した時,壮観なヨセミテの谷は,保護と公共の利用のために確保された最初の場所になりました.しかし,入植者は,1874年に保証金を受け取るまでそこを離れませんでした.1872年に,アメリカ合衆国政府は,その地域の美しさ,ならびにたくさんの温泉と地熱地形で代表されるツーリズム開発の可能性を認識して,ロッキー山脈のイエローストーン地域に,世界初の国立公園をつくりました.ノーザン・パシフィック鉄道はこのときすでに建設中で,1885年には,豪華な新築ホテルに旅行者が宿泊できる,イエローストーンに鉄道がつながりました.同様に,1887年にカナダ初の国立公園であるロッキー・マウンテン・パークができました.1883年には,温泉が発見された場所(現在のバンフの町)にカナダ太平洋鉄道(CPR)が開通しました.温泉の所有権が争われたため,連邦政府が所有権の統制

を行いました．1888年に，CPRは豪華なバンフ・スプリングス・ホテルを開業しました．

　イエローストーンとバンフにはともに先住民が長いこと住んでいましたが，彼らはこれらの国立公園の設立には関与しませんでした．彼らは1870年代からイエローストーンを追い出され，1887年にカナダ政府と鉱物資源の採掘許可の条約に署名をした後，1890年代にロッキー・マウンテン・パークから追い出されました．対照的に，ニュージーランドの最初の国立公園，トンガリロ国立公園は，1877年にマオリやヨーロッパ人による利用のために，大酋長から国民にトンガリロの山々が贈られたことに起源をもっています．その結果，ヨーロッパ人居住者に土地が売却されるのを防ぐことができました．土地はパートナーシップ制で所有および管理されるようになろうとしていました．そして，1894年に，国立公園設立のための法律が制定されました（図16）．しかし，その法律によって，先住民部族の土地から山頂地域が没収されてしまいました．1990年代からマオリが管理計画の作成にかかわってきていたにもかかわらず，法廷が国立公園の共同所有制をすすめるのは，2013年になってからのことでした．他の大陸でも，初期の多くの国立公園が山岳地域に設けられました．ヨーロッパでは，1909年にスウェーデンのアビスコ，サレーク，ストーラ・ショーファレッチの各国立公園が，1914年にスイス国立公園が，1918年にスペインのオルデサ・イ・モンテ・ペルディードとピコス・デ・エウロパの各国立公園が制定されましたし，アフリカでは，1925

図 16 ニュージーランド,トンガリロ国立公園のルアペフ山.

年にベルギー領コンゴのキング・アルバート国立公園(現在のコンゴ民主共和国のヴィルンガ国立公園),さらにアジアでは1936年にインドのウッタラーカンド州のヒマラヤでヘイリー国立公園(現在のジム・コルベット国立公園)が制定されました.

　国立公園のコンセプトは,1872年以降に世界中に広がるようになりましたが,その起源は,特に山岳地域では,二つの流れにおいてはるか古くに遡ります.一つめの流れは,第1章で述べたように,山岳住民が,何百年,何千年もの間,神聖なる山を認識していただけではなく,彼らが生活をしている特別な景観の一部(特に森林や木立ち)を神聖なる部分として認識していたことです.これらはすべての大陸で見ら

れます．例えば，エチオピアの教会周辺の自然林や，モロッコの聖人の墓や寺院周辺の森林，インドの西ガーツ山脈やヒマラヤ，およびネパールのクンブの森林や木立，そしてギリシャの寺院周辺です．何世紀にもわたる保護の存在は，生物学的にこれらの生態系がより多様であることを意味し，いくつかのケースでは，ある地域や国における，最後に残された自然林の象徴であることを意味しています．こうした保護があるにもかかわらず，多くの神聖な木立が，過剰な伐採や過放牧による種の消失を経験しています．ある木立は小さくなり，時にあまりに小さくなりすぎて，もはや樹種数を維持できるだけの苗木を供給することができなくなっています．また，他の例では，完全に消失してしまっています．第二の流れは，通常はもっと大きな場所を対象としていますが，別の理由で何世紀にもわたって保護されてきました．それは，王族および貴族による狩猟を可能にするためです．こうした狩猟区の多くは低地にあることが多いのですが，例えばアルプス山脈やカルパチア山脈では中世からありますし，同様にアフガニスタンや，ブータン，インド，ネパール，パキスタンのようなヒマラヤの国でも，19世紀末あるいは20世紀初めから存在しています．違法狩猟の厳格なコントロールは，普通は野生動物の個体数が多いことを意味していました．今日，神聖なる森林と狩猟区はともに，特に生物多様性に富んでいることから，政府によって，公式に自然保護区あるいは国立公園として制定されています．その結びつきが特に卓越している国に韓国があります．20世紀の戦争の間に，国内の森林の多くが破壊されてしまいました．しかし，寺院周辺

の森林は残り，生物多様性の中核となったのです．ですから，韓国ではすべての山岳国立公園の中に神聖なる森林に囲まれた寺院があるのです．

　さらに最近の流行に，個人，企業あるいはNGOが所有する私的な保護地域があります．それは時として，国立公園の設立あるいは拡大につながることなります．禁猟を進めようという要求が時折勢いを増します．おもにNGOが所有している多くの狩猟区は，私的な保護地域のカテゴリーに含まれます．その一例が，ニューヨークの婦人参政権論者で社交界の名士ロザリーエッジによって1934年に設立された，ペンシルベニア東部，アパラチア山脈のホーク・マウンテン・サンクチュアリーです．14種からなるおよそ2万の猛禽類が，毎年，このサンクチュアリーの上空を通ります．ここは，研究と教育にとって重要な拠点となりました．国立公園の11％の土地と，自然保護区の45％が私有地であるコスタリカをはじめとして，中央アメリカの山には，たくさんの私的な保護地域の例があります．政府は，これらの保護地域の制定と管理のための規則を交付していますし，保全活動の促進用にさまざまな奨励金も提供しています．他の国では，カナダ自然保護協会やスペインのカタルーニャ州のカタルーニャ・ラ・ペデロラ財団のようなNGOが，山に広大な土地を所有しています．同様にスコットランドでは，何万ヘクタールもの土地がスコットランド・ナショナル・トラストやジョン・ミュア・トラストなどのNGOによって所有されていますし，個人ではデンマークの銀行家で，国内第二の土地個人所

有者であるアンダース・ホルヒ・ポルブセンが，狩猟よりもむしろ保全目的で自分の所有地を管理しています．これは，スコットランド・ハイランドでは普通に見られることです．国際的には，ノースフェイスおよびエスプリの創立者ダグラル・トンプキンスが，アルゼンチンとチリで最大規模の試みを行いました．彼が設立した NGO であるコンサベーション・ランド・トラストと共同で，あるいは裕福な個人と共同で，彼は，1990 年以降に，アンデス南部の数千平方キロメートルの土地を購入し，他の NGO にその土地の一部を譲渡しました．その譲渡先の NGO の例が，現在，2900 平方キロメートルのプマリン公園を管理しているプマリン財団で，保全とエコツーリズムのためのプマリン公園は，チリ政府がネイチャー・サンクチュアリーとして承認しています．トンプキンスは，新しいコルコバード国立公園とジェンデカイア国立公園の設立のために，チリ政府に土地を寄付しています．さらに，チリにあるマグダレーナ島国立公園とアルゼンチンのペリート・モレーノ国立公園の園地拡大のために，両国政府に土地を寄付してもいます．

　世界遺産リストへの記載によって，国家の規模を超えた，地球規模での多くの山岳景観の重要性が認識されるようになっています．世界自然遺産については，美しさ，生物多様性，あるいは地質学的価値（自然のサイト）の点で，「顕著な普遍的価値」を有しているとして，1972 年の世界遺産条約で保護されている地域が，世界遺産リストに記載されます．同様に，世界文化遺産については，例えば，建築物，科

学技術，都市計画，伝統といった文化的なサイトの点で，そして世界複合遺産については，自然的かつ文化的重要性の両者を有する文化的景観の点で，世界遺産リストに記載されます．世界自然遺産サイトに登録されている例には，バンフ，ヴィルンガおよびイエローストーンの各国立公園があります．トンガリロ国立公園は世界複合遺産です．なぜかと言うと，その山は，マオリ族の人たちと彼らの環境の間の神聖な結びつきを象徴していて，文化的および宗教的に重要な場所だからです．また，オルデサ・イ・モンテ・ペルディード国立公園は，ピレネー山脈・モンテ・ペルディード世界複合遺産サイトの一部で，ヨーロッパでほとんど見ない生活様式の典型となる社会経済的構造をもつ名勝と組み合わさった，卓越した文化景観ゆえに制定されました．ある地域すなわち文化的サイトの制定は，国際社会から与えられた最高の称賛に相当し，複合遺産の3分の2近くと，自然遺産の半分近く，そして文化遺産の約6分の1が山岳地域にあります．

人と保護地域

保護地域運動が始まった最初のおよそ1世紀の間，政府にとっての国立公園制定のおもな理由は，カリスマ的な種と魅力的な景色をもつ「自然の」景観を守ることでした．このアプローチは，国際自然保護連合によって1969年に形式化されました．それは，国際自然保護連合が，人間による開発や居住によって実質的に変えられていない一つあるいは複数の生態系を含んでいることが国立公園の判定基準の一つであると述べた時のことでした．ところが，人間活動の影響を受け

てない生態系は、比較的遠くに位置する山岳地域を含めても、世界の中にはほんのわずかしかありませんでした。もっとも、人為的な変化の広がりは、かなり最近になるまであまり認識されてきませんでした。言い換えると、生態系は文化景観なのです。ですから、例えば、イエローストーンやバンフ国立公園の森林は、動物の狩猟や火入れ、生態系の複雑なモザイク化のように、何世紀にもわたって先住民の影響を受けてきました。スイス国立公園の制定地域は、自然が人為的な攪乱を受けることなく発達する場所として制定されました。しかしその一方で、そこでは、人々は何世紀もの間、農業をして森林を利用していたのに、自分たちの村を離れるよう要求されたのです。キング・アルバート（現在のヴィルンガ）国立公園は、主としてゴリラの個体数が減少するのを防ぐためにつくられました。ここでも、何世紀もの間その土地を使っていた人たちは立ち退きを強いられました。人口減少の傾向は、そこが国立公園になっても、1960年代になってさえ続きました。例えば、クレタ島のサマリア渓谷が1962年に国立公園になった時に、その村に住んでいた人々は移住させられました。国立公園が発展途上国でつくられた時には、先住民グループが同様の排除を受けて、しばしば彼らは存続の危機に追いやられることになりました。

　1980年代以降、世界の山岳地域が保護地域に制定されると、住民の排除よりも、むしろ継続して起こる人為的介入がその地域の特徴として認識されるようになってきました。その一例がポーランドのタトラ山脈です。そこでは、1954年

に国立公園になった後，地元住民が自分たちのヒツジの放牧を許可してもらえませんでした．その結果，かつての放牧地で，稀少な植物種が減少し始めました．それは，以前は放牧で食べられていた背の高い植物が，日陰をつくってしまったために減少したのです．このことがわかった 1981 年に，農夫たちは頭数を管理しながらヒツジを国立公園の中に再び入れました．その結果，これらの希少種植物の個体数は復活しました．同様に，フランス・アルプスのヴァノワーズ国立公園では，いま，家畜ではなくて地元住民が，豊富な種で構成された草地を刈り取ることでお金を受け取っています．これは生物多様性を維持するためです．その他の例をあげると，1976 年に制定されたネパールのサガルマータ国立公園のような新しい国立公園では，先住民が引き続き居住を許されていますし，伝統的な資源利用が許可されています．

自然の保護・保全の現代的コンセプトは，必要とされる多様な取り組みが緊急の責務であることを認識することにあります．自然の保護・保全への人為的介入の傾向は，複雑化するこのコンセプトの一部と一致しています．必要とされるこれらの取り組みの一つめは，生物多様性の保護と魅力ある景観の間のバランスを見つけることで，バランスを保つことで持続可能な開発が促進されます．これは，特に，発展途上国の山岳地域においてあてはまります．そこでは，ほとんどの人が自分たちの生活のためにいまでも自然資源に依存しています．しかし，山岳住民の生活を支援することと，彼ら自身および生物多様性保全の両者にとって重要な種の生育場所と

健全な個体数を維持することは難しいことです．また，本質的な価値のためであろうと，あるいはそれらが観光客にとって魅力的で，それゆえ収入をもたらし得ることであろうと，自然資源の保全は難しい作業に違いありません．主として保護地域に生息している野生動物が，保護地域から外に出て，周辺の村で作物に被害を与えたり，家畜を殺したりした時に，さらにもう一つの困難な状況が生じます．こうした状況は，インドのナンダデビ生物圏保存地域の周辺で見られ，そこではレパードがヤギやヒツジを殺し，また，サルや野生のイノシシをはじめとするさまざまな野生動物が作物を荒らしています．

このことは，必要とされる第二の取り組みと関連しています．すなわち，保護地域の管理には政府機関によるトップダウン型の，科学に基づいた管理よりも，むしろ多くのステークホルダーを巻き込むことが必要なのです．この移行は，特に関連機関の大部分の職員（通常は自然科学のトレーニングを受けた職員）にとって難しい問題です．これは，「専門家による管理」から，パートナーシップ型の管理への移行，自分たちが生活している景観の管理に地元住民が参画することへの移行，およびその資源から地元住民が恩恵を受けることへの移行を意味しています．パートナーシップ型管理への移行のためには，地元住民が伝統的な生態学的知識や権利をもっていることを認識する一方で，権力や権威の放棄が求められます．スコットランドなどでは，国立公園に関係した最近の法律制定にそうしたものの見方が含まれています．コ

ミュニティーにおける持続可能な経済的・社会的開発が，スコットランドの山岳地域に 2002 年および 2003 年に設立された，二つの国立公園の公式目標になっているのです．共同型管理はしばしば NGO を巻き込んでいますが，そうした管理の成功例もどんどん増加しています．スウェーデンで初めて地元住民が直接的に公園の設計に加わり，2002 年の制定以来その公園管理にかかわっている，フルフヤレット国立公園は，その一例です．また，カナダのトーンアガット山脈国立公園は，カナダ国立公園局とラブラドール・イヌイットによって共同体制で管理されているのですが，ラブラドール・イヌイットは公園の土地と資源を利用し続けています．ジャマイカのブルー・アンド・ジョン・クロー・マウンテンズ国立公園は，NGO であるジャマイカ保全開発トラストが管理しています．チリの乾燥した標高 3200 メートルのプーナの高原では，フラメンコ国立保護区の管理に，先住民コミュニティーと国家森林庁の間でパートナーシップが締結されています．ウガンダのエルゴン山国立公園では，国立公園局と地元の行政教区が，公園の三つの管理地区における利用を四つのカテゴリーに区分する協定，および地元住民が森林利用の監視とコントロールを行う方法に関する協定を結びました．この協定は効果的に機能しています．

　これらすべての例では，管理組織に国家政府機関が関与していますが，そうでない例もあります．特に，「先住民族・コミュニティー保全地域」（ICCAs）では，先住民あるいは地元コミュニティーが保護地域の管理に関する意思決定と実

行において主要な役割を果たしています．憲法の点であっても，先住民族や地元コミュニティーの権利に関連した法律の点であっても，あるいは生物多様性保全に関連した法律の点であっても，ますます多くの政府が，先住民族・コミュニティー保全地域を認識するようになっています．こうした法律は，生物多様性条約の締約国の決議から生まれることがあります．いくつかの先住民族・コミュニティー保全地域は，例えば，イタリア，ドロミテで1000年近くもの間，アンペッツォ谷リゴーレという谷の多くの土地を共同所有してきた農家コミュニティーのグループのように，長年にわたって活動してきた組織にその基礎を置いています．1990年には，アンペッツォ・ドロミテ自然公園が設立されました．その自然公園の一部は州政府の土地ですが，そこを含めた園地全域で，リゴーレが完全な規制と資金の管理を行うようになっています．たくさんの神聖な森林とその他の神聖な場所も先住民族・コミュニティー保全地域になっていて，その責任を担っているコミュニティーが生物多様性の維持や復元に成功しています．インド・ヒマラヤの西ガーツ山脈や，中国雲南，チベットの先住民族・コミュニティー保全地域がその例です．さらに，メキシコやフィリピンのように先住民族・コミュニティー保全地域を認めている国でも，1990年代以降，新しい先住民族・コミュニティー保全地域が設立されています．これは，特にワシやサルのような絶滅危惧種のための生息場所を守るため，自然資源の管理方法を改善し，地元コミュニティーが社会経済的な利益をそこからさらにたくさん確実に得ることができるようにするためです．一方で，多く

の政府は，世界中にある何万もの先住民族・コミュニティー保全地域（その多くが山岳地域にあります）をいまでも認めていませんし，先住民族・コミュニティー保全地域は，法律や政策，保全制度の許す範囲内で軽視され続けているのも現実です．

　三つめに必要な取り組みは，地域的なアプローチで，保護地域が周辺の景観から分離された「島」としては管理できないことを認識することです．こうしたアプローチは，多くの山岳地域で発達しており，そのための重要な枠組みの一つに，ユネスコの人間と生物圏（MAB）計画の下にある生物圏保存地域（BRs）の設立とそこでの活動があります．生物圏保存地域は，地域的スケールでの保全と持続可能な開発の調査と論証において卓越した地域であるべきです．世界には600を超える生物圏保存地域があって，そのおよそ3分の2が山岳地域に存在しています．生物圏保存地域は一つあるいは複数の核心地域（コア・エリア）をもっています．核心地域は公式に制定された保護地域でなければなりません．核心地域の周辺は，少なくとも一つの「緩衝地域」（バッファー・ゾーン）からなり，そこでの活動は核心地域の保全の目的と類似したものでなければなりません．さらに「移行地域」では持続可能な資源管理が強調されねばなりません．加えて，このアプローチにおけるもう一つの鍵となる要素は，保護地域を含めた生物圏保存地域が，多様な分野のステークホルダーを含めた組織によってつくられた管理政策あるいは管理計画に基づいて景観全体として，管理されるべき

だ、という点にあります．このアプローチは，世界の多くの山岳地域，例えばオーストリアやドイツ，スイスのアルプスからチェコおよびドイツの中間山地，モロッコのアトラス山脈およびアンティ・アトラス山脈，カナダのバンクーバー島，コロンビアのシエラ・ネヴァダ・デ・サンタ・マルタ山地，メキシコのシエラ・ゴルダとその他の山岳地域，そして，第5章で述べたように，エチオピアの山岳地域で成功裏に実行されています．

多くの山脈は国家にとって国境地帯でもあり，動物，鳥，人，そして汚染物質がそこを通る（越境する）ことになります．そのため，いくつかの地域的なアプローチは，複数国家にまたがる国際的なアプローチで進められねばなりません．こうした国境を越えた生物圏保存地域は，チェコとポーランドの国境，エルサルバドルとグアテマラ，ホンジュラスの国境，フランスとドイツの国境，ポーランドとスロバキア，ウクライナの国境，そしてポルトガルとスペインの国境を含めて，世界に六つあります．これらはすべて，連結保全，すなわち，保護地域とその周辺の広い景観における地域的スケールのアプローチの例です．この保護地域や景観の中に住んでいる人は，生物多様性保全と持続可能な開発の両者を促進するために結びつけられています．この「越境イニシアチブ」は，世界中あちこちで進められてきました．例えば，カナダとアメリカ合衆国のロッキー山脈に沿った「イエローストーンからユーコンまで」を含めた取り組みや，メキシコからパナマまでのメソ・アメリカ生物回廊，中国，インド，ミャン

マー，ネパール，パキスタンのヒマラヤからヒンドゥークシュに至る「越境景観」，スペインのカンタブリア山脈からピレネー山脈を経てアルプス山脈まで，レソトと南アフリカの間，そして，中国とカザフスタン，モンゴル，ロシアが共有するアルタイ山脈が，代表的な「越境イニシアチブ」です．興味深いことに，これら越境イニシアチブの多くでは，政府や政府機関は，鍵となる関係者ではあっても，創始者ではないことが多いのです．

ツーリズムの主役としての山

　生物多様性が高い価値を有する地域や，魅力的な景色をもつ地域の保護と管理は，典型的には，政府が保護地域を設立し，世界遺産リストへの記載を目指した場所を提案する，といった形式的な理由で行われています．これに対して，もう一つの理由は，しばしば暗黙の諒解なのですが，比較的山奥に位置していて，経済発展が喫緊の課題である地域への観光客増加のためである可能性があります．これは，1世紀以上前に北アメリカで最初の国立公園ができた時以来，明白であり，特に中国のような発展途上国では難しい課題として残っています．中国は，1982年以降，山岳地域で多くの国立公園をつくってきました．中国の国立公園は，「独立会計組織」で，経済発展，インフラ建設，貧困救済，およびツーリズムを含めた，多岐にわたる活動を支援するために，自分自身で財源をつくらねばなりません（図17）．しかしながら，科学的基準に基づく長期的計画や評価は，ほとんど議論されていません．そもそも公園が制定されたのは保護のためだったは

ずなのですが，ツーリズムを通した所得創出の必要性は，環境悪化をもたらし，たくさんの生き物の生息地や種の消滅をもたらしました．ツーリズムによる所得創出は，同様に，深

図17 中国，武陵源世界自然遺産サイトにある，高さ330メートルの白龍（Bailong）エレベーター．2002年に一般開放されました．

刻な水質汚染問題や，いくつかのケースでは地元住民との対立にもつながりました．

中国は，ツーリズムの成長が特に速いたくさんの新興国や発展途上国の一つです．ツーリズムは，世界の中で最大かつ最も急成長している産業の一つです．世界全体では，その収入が年間1兆ドルを超えると推定されていて，そのうち，最大20%が山岳地域への旅行と関係しています．アルプスは，世界の主要観光目的地の一つで，毎年，およそ9500万人の宿泊観光客および600万人の日帰り観光客を集めています．日帰り観光客数は，世界中の多くの観光客が自国内の目的地を訪問していることを意味しています．また，アルプスでは，海外からやってくる観光客の半分以上が，ヨーロッパの国の観光客であることも事実です．

世界のマスツーリズムが第二次世界大戦の後に生まれた現象であるのに対して，その産業のルーツは，何世紀間にもわたる古い現象であり，多くの山岳地域でいまでも重要な現象である，巡礼の旅に求められます．毎年，何百万人もの巡礼者が，いまでも，インドのウッタラーカンド州のヒマラヤにある，神の土地，デヴ・ブーミを訪れ続けています．デヴ・ブーミには，たくさんの寺院や聖堂があります．ツーリズムは，ウッタラーカンド州のGDPの4分の1を占めていて，観光客のおよそ70%が巡礼者です．毎年90万人以上が，標高3300メートルのバドリナートにやってきます．そこでは，9世紀から，ヒンズー教の寺院が巡礼の旅の場所でした．イ

ンド政府が1962年の中国との戦争の後にこの地に道路をつくって以来，巡礼者の数は10倍に増えました．その結果，以前は移動が困難だった巡礼の道沿いで，食事，宿泊施設，乗り物を提供していたほとんどの住民が，これらの付加的な収入源を失いました．バドリナートでは，観光客の大殺到が，深刻な公衆衛生およびゴミの管理問題を引き起こし，神聖なる森林の破壊をもたらしました．インド軍と森林局による植林の試みが失敗した後，聖職者のトップが，苗木を提供した地元の科学者とパートナーシップ活動を展開しました．感謝の意をもちつつ，巡礼者は神聖な森林を再建し，地元住民はそれを維持し続けています．いまでもウッタラーカンドでは巡礼の旅はツーリズムの重要な要素ですが，世界の他の地域では，神聖な場所には大量の人が押し寄せていて，そうした人たちの訪問の動機には，信仰はせいぜいほんのわずかしかないのかもしれません．これらの神聖な場所には，紅海の海岸からの日帰り旅行の行き先である，エジプトのジェベル・ムーサ山，すなわちシナイ山や，世界複合遺産サイトで，山頂までケーブルカーが設置されている，中国の泰山（多くの訪問者は6600段の階段を上りますが），そして，毎年30万人が登り，2003年に世界文化遺産サイトに登録された，日本の富士山が含まれています．富士山では，網状に発達した登山道を安定化させ，必需品やエネルギーの配送を管理し，訪問者の環境意識を向上させる，詳細な管理戦略が求められています．

バドリナートの例が示すように，山岳地域での多くの課題

はツーリズム開発と関係していますが，同時に，その課題に対しては刷新的な解決策が見つかるかもしれません．どのような観光地でも，ツーリズムの開発においては，アクセスが重要な要因になります．自然資源の採取あるいは軍事的目的でつくられた道路は，しばしば，隔絶した山岳地域にツーリズムの導入と発展をもたらします．歴史的には，山岳地域におけるツーリズム開発の多くは，鉄道の出現と関連していました．イギリス湖水地方への最初の鉄道は，1840年代につくられましたし，スイス・アルプスでは1850年代でした．この傾向は，ヨーロッパに限りませんでした．インドでは，「ヒル・ステーション」への鉄道が1850年代から19世紀末までにつくられました．北アメリカの大陸横断鉄道は，ロッキー山脈とその他の山脈を横切って，1869年から1885年までに完成しました．シベリアではほとんど大部分でまだツーリズム開発は進んでいませんが，シベリア鉄道が1909年に完成して，隔絶した多くの山岳地域がアクセスしやすくなりました．1960年代以降，日本，ヨーロッパ，中国，韓国では，主要な都市と山の中の観光地を高速鉄道が結びつけてきました．さらに，最近の数十年間に見られた航空機による海外旅行代金の低下は，世界の山岳地域におけるツーリズムの成長の大きな推進力となり，国内では，地方の航空会社やヘリコプター会社が，どのような山岳地域へもアクセスをほぼ可能にしています．

　この数十年間，山岳地域におけるツーリズムの成長をもたらした，アクセス以外の重要な推進力には，時間や自由に使

えるお金の増加,ならびに都市化が進行する社会において増えていく人口の可動性の増加があげられます.特に,レクリエーションや精神的な必要性のために都会から逃避したいという中流階級の人たちが増加し,その人たちの願望が増加したことが鍵となっています.世界中の多くの国の政府と山岳地域のコミュニティーは,ツーリズムを経済開発や生き残りにとって不可欠なものと見なすようになっています.しかし,ツーリズムはそれぞれの山岳地域において著しく不均一に発達していて,その利益は,国レベルからローカルなレベルまで,どの段階でも非常にばらつきが大きい傾向にあります.アルプスのコミュニティーでは,ツーリズムによって人口が維持されるという明らかな利益が,統計データで示されています.すなわち,ツーリズムは500億ユーロ近い年間売上高をうみ出していて,それは国際ツーリズムによる年間のおよそ8%の売上高に相当します.しかしながら,ツーリズムがアルプスにおける10〜12%の雇用を提供しているのに対して,ツーリズム関連の活動はコミュニティーのわずか10%に集中しています.一般的に,ツーリズムが盛んなコミュニティーでは,人口が安定しているかあるいは増加していますが,田舎のコミュニティーの中には人口流出が生じている例もあります.しかし,地球規模で見ても,ツーリズムの中心地であるアルプスにおいてさえ,需要は確実ではありません.1990年代以降,オーストリア・アルプスとイタリア・アルプスを中心に需要は回復しましたが,宿泊客数は,1990年代に大きく減少しました.観光客もまた,個人の安全性に対する現実のあるいは考えられるリスクにとても敏感

です．それは，アフガニスタンやコロンビア，カシミール，ネパール，パキスタン，ルワンダ，イエメンの山で最近見られたことです．それでも観光客は，想定されるリスクが小さくなると，すぐに観光に出かけ始めるでしょう．その時，彼らは，必要とされる収入を山岳地域にもたらすことになります．大きな自然災害の後には，さらに別の問題が生じ得ます．例えば，ウッタラーカンドで2013年6月に発生した洪水は，たんに村を破壊しただけではなく，多くの観光施設や道路，145の橋を破壊して，何十億ドルもの損失をツーリズム業界に与えました．その復興には何年もの年月が必要となります．

　山岳ツーリズムは，業界内部に膨大な部門を巻き込んだ，巨大で複雑な人間の相互関係で成り立っています．エコツーリズムは，動植物の重要な生息地と種を保全し，かつ地元経済を支援できる可能性をもっていて，ツーリズムの中でも特に急成長をしています．それは，しばしば，アグロツーリズムとも関係していて，文化的な習慣に付加価値を与え，伝統的産品，それも特に農業と結びついた産品の復興と関連することがあります．健康ツーリズムは，地熱資源を有する多くの山岳地域で，長い歴史をもっています．スポーツ・ツーリズムには，実にさまざまなタイプがあり，絶えず進化し，新しい場所で導入され続けています．それぞれは，新しい技術の開発およびマーケティングと関連しています．最近の例で言えば，カービング・スキーや軽量なスノーシュー，パラグライダーといった新しい技術で，時には「極限体験」と結び

ついて新しいツーリズムが生まれることもあります．山岳ツーリズムのそれぞれの部門には，異なる顧客がいるため，競争が激しく，利益を上げるための予測が困難です．山岳ツーリズムはグローバル化が進むマーケットの中に置かれています．それぞれのタイプの訪問者は，山岳環境や景観，文化，あるいは体験が多様であることによって魅了され，特定の種類のサービスと施設を求めます．顧客の期待だけではなく山岳景観の利用方法も異なっていて，例えば，ハイカーとマウンテンバイク利用者の間で，軋轢(あつれき)を生むことがあります．

　観光客の期待が変化するだけではなく，観光客の服装の流行も変化します．これらの変化への取り組みは，ある特定の層の観光客を惹きつけようとする投資だけでは不十分で，新しい施設への投資による補強が必要であることを意味します．その結果，リピーターの増加や新しい顧客の獲得につながります．さらにもう一つの問題は，山岳ツーリズムの機会がとても多様であるにもかかわらず，ほとんどの活動が特定の季節に限定されることです．特にその活動が屋外で行われる場合には季節性が強くなります．このことは，観光客の出身地の休暇期間や一年を通してのアクセスのしやすさにも影響されます．人工ゲレンデの上を除くと，スキーは低温の状況でのみ可能ですが，最近は人工雪の重要度が増してきています．多くのタイプのエコツーリズムは，特殊な植物や動物の一年の生活周期と関係しています．キャンプやハイキング，あるいは登攀(とうはん)を望む人は，最も雨が少なく，うっとうし

い虫が少ないシーズンを好みます．この季節性は，ビジネスの継続性や質の高いスタッフの雇用の点で多くの問題を生みます．ほとんどのリゾート地では，例えば，オフ・シーズンに会議費用を安く提供したり催しを企画したりして，観光シーズンを長期化させようと試みていますが，あるシーズンに観光客が必要とするサービスや施設は，他のシーズンにやってくる人には喜ばれないのかもしれません．例えば，夏の景観を楽しみにやってくる人は，スキー・リフトや冬の活動跡を見ても楽しいとは思いません．マーケティングは，観光客を惹きつけるのに極めて重要です．しかし，どのような観光地にとっても，確実にリピーターを獲得する点において，観光客が残すイメージや，彼らが友人に話すイメージが重要なのでしょう．

有益な影響と害のある影響

ほとんどの国では，訪問者の大部分は，海外からの客ではなく国内の客なのですが，ツーリズムは，山岳地域におけるグローバル化の過程の一部に相当しています．わずかな例外は，アンドラ，オーストリア，そしてネパールで，これらの国は，小さく，あるいははるかに大きな人口を有する国に隣接しています．山岳ツーリズムは，食事，手工芸品，あるいはスポーツ用具のようなモノと宿泊，ガイド，ポーターあるいはレストランのようなサービスを提供する地元住民に，重要かつ新しい収入をもたらします．しかし，山岳ツーリズムで経済的に裕福になれる人は，個人レベルでは，移住者あるいは外部資本にアクセスできる人くらいで，ほとんどいない

でしょう.起業した個人あるいは会社の財政上の成功は,労働者への依存によってもたらされていると考えられます.大部分の労働者は比較的低賃金で働き,雇用主が家を与えない限りは,職場が置かれているコミュニティーの中で購入可能な家を見つけることさえできません.これらの問題は,ほとんどの山岳ツーリズムが季節性をもっているので,なお一層悪化しています.それは,多くの人にとって山岳ツーリズムが通年型の雇用の収入源にはなり得ないことを意味しています.山岳ツーリズムはローカルな経済において最も有力になるので,食料,モノ,サービス,および居住場所のコストを上昇させる傾向にあります.そして,これらの問題のすべてに対して,政府や企業,個人雇用主による取り組みが可能なのです.政府は,特に,山岳地域に基礎を置くビジネスのための補助金やローン,地元産品の奨励,雇用や計画に関連した規則,あるいは主要商品のコストのような,資金的方策を通して,優れた実践を手助けすることができます.世界観光機関や国連環境計画のような,国際的な組織によってつくられた持続可能なツーリズムのためのガイドラインや,企業による持続可能なエコツーリズムのためのガイドラインがたくさんあります.住民参加型で十分に計画された山岳ツーリズム開発は,地元の女性を含めた多くの人々に利益を与えることができ,その結果,女性の地位が向上するかもしれません.観光客もまた,健康的な居住環境を期待しています.もし地元の機関が山岳ツーリズムからもたらされる収益を賢く投資するのであれば,地元住民にとって,公衆衛生上利益がもたらされます.

地元の経済および雇用に対する山岳ツーリズムの便益と不利益に関する予測や評価は，難しいと言われています．避けられない文化的な変化の予測はさらに難しいと言えます．先住民の習慣や伝統の存在は，観光客がその地を訪れる理由の一つですが，特に若者の先住民の間で地位の象徴として，西洋の衣服や靴が取り入れられるようになると，彼らの習慣や伝統は変化します．そして，文化的活動が観光客の需要に合わせられます．ニューメキシコ州のズニ族のようないくつかのコミュニティーでは，そうした影響を避けるために，想定されるいかなる利益よりも観光客によって先住民がこうむる不利益が勝ると判断し，観光客を自分たちの祭りから閉め出すようになりました．家に土産を持ち帰ろうとする観光客の欲求が地元の活性化につながった事例もありますが，観光客に販売する土産が遠方から輸入されたり，たいへん貴重な文化的工芸品が盗まれ，販売されることもあります．山岳ツーリズムからもたらされる物理的な変化は，建築物や集落のデザインにも広がることがあります．人による長い利用の歴史をもつ山岳地域では，それぞれの谷，町，あるいは集落における伝統的建築物の特徴的なデザインや装飾は，観光客を惹きつける可能性をもっています．しかしながら，山岳ツーリズムの導入は，典型的には等質化と新しい建築物の建設，さらには多くのスキー・リゾートを含めた集落の建設をもたらします．これらは，しばしば，デザイン，建設，およびエネルギー効率の点において，非常にきびしい山岳気候にうまく適応できていません．しかし，その場所にデザインが調和したり，インド北部のラダックにおけるパッシブ・ソーラー技

術のように伝統的なデザインを保持しながら新しい技術が導入された成功事例もあります．それで，観光客と住民の両者の利益にとって，資源がさらに効率的に使われています．特にスポーツ活動に興味をもっている観光客の多くは，本場の食べ物，建築物，あるいは文化的活動については期待をしないか，特に興味を示さないのかもしれません．その一方で，特に成長するエコツーリズムや「責任あるツーリズム」のマーケット内部では，本場の食べ物などに対する期待や興味がどんどん増えています．その中では，多様性の価値が明確に認識されています．このように，山岳ツーリズムには害になる文化的影響がたくさん存在しているのですが，伝統的なスキルの活性化にもつながり，特にオフ・シーズンに雇用をうみ出し，文化的なアイデンティティーの強化を促進することにもなります．

　山岳ツーリズムは，環境に対して悪影響をもたらすことがあります．ローカルな悪影響は，おもにほとんどのインフラが整っている谷底や斜面底部に沿って生じます．こうした悪影響には，農地や住宅地の消失，交通機関からの大気汚染と，大気の逆転層における大気汚染，そして，不適切に処理された廃棄物および不適切につくられた道路からの水質汚染があります．道路建設は，土壌の流出と侵食も増加させます．観光客は高い場所を分散して訪問するため，登山道沿いやキャンプ場の周りで，修復を必要とする土壌侵食が起こります．廃棄物と排泄物による水質汚染もしばしば増加します．その極端な例が，2013年に起こったカイラス山周辺の

53キロメートルの長さの登山道沿いで見つかった23トンの廃棄物です．もう一つの例として，エベレスト・ベース・キャンプで集められた，年間12トンの排泄物があげられます．標高がとても高いところでは廃棄物がゆっくりと分解するため，これらは，特に難しい問題です．排泄物については，解決方法が見つかっているのかもしれません．すなわち，世界最高所での堆肥作成装置は，地元住民のためにエネルギーをもたらす可能性を秘めています．

発展途上国の山岳地域では，観光客や観光客にサービスを提供する人たちは，調理と暖房のためにしばしば木や灌木を使います．その結果，森林の組成と構造を変え，時には森林の消失を引き起こします．スキー・リゾートでは，ゲレンデをつくるために伐採したり，ブルドーザーで整地することで，山頂にまで悪影響が及ぶことがあります．同様の悪影響は，チェアー・リフトやケーブルカーの建設，人工降雪機の設置と使用，そして，スキーヤーや機械による植生と野生動物への妨害によっても生じます．この章で述べたすべての悪影響が世界中の山岳地域で見られるのに対して，効果的で革新的な技術や戦略を通して，これらの負の影響に取り組む方法もたくさんあります．こうした技術や戦略には，例えば，エネルギー生成や活用，水と水質の処理，交通管理，登山道と道路のデザインと建設，これらをどのように実行するのかについてのガイドライン，そしてこの実現を後押しする規制などがあります．認証・認定のスキームや，環境やコミュニティーや文化的な利益をもたらす山岳ツーリズムの促進を目

的とした実にさまざまな賞があります．スウェーデンのオーレのリゾート，コロラド州のアスペン・スノーマス・リゾート，ユタ州のパークシティー・リゾート，そしてアルプスのアルパイン・パールズ・アソシエーションのようないくつかの観光地が，認証・認定のスキームや賞に注目しており，潜在的な訪問者に対して持続可能な実績・経歴をアピールしています．

　競争の激しい山岳ツーリズム産業で成功するためには，どの山岳コミュニティーや山岳地域においても，地元の環境の財産および文化的財産に基づいて，ユニークなイメージ開発を行う必要があります．すなわち，山岳ツーリズムで生まれる収入は持続可能な未来を確実なものにするために投資されるべきだというイメージです．たとえそれによって観光客が著しく減少したとしても良いというイメージです．ほとんどの山岳ツーリズムは，季節的で，長期的には予測不可能です．それゆえ，その開発がその他の経済部門の開発と結びつくことが必須なのです．山岳ツーリズムの急速な開発は，地元の家庭やコミュニティー，インフラに対して，大きな要求とストレスをつくり出します．山岳ツーリズムで生活をしている人は，観光客にモノやサービスを提供することから遠ざかるよりも，他の雇用と収入の機会を維持する必要があります．それは農業であるかもしれませんし，林業，あるいはその他の産業，手工芸品づくり，在宅労働，あるいはオフ・シーズンの通勤であるかもしれません．ローカルから国に至るすべてのレベルの政府は，観光客を惹きつける資源に山岳

ツーリズムの経済的利益を再投資するための政策と財政的な手段をつくり，実行する必要があります．これらには，物理的なインフラだけではなく，景観や文化も含まれます．同時に，政府と開発機関は，山岳ツーリズムと他の雇用のために必要なスキルを山岳住民に対して訓練する機会を提供する必要があります．山岳ツーリズムは，多くの山岳コミュニティーの経済にとって欠かすことのできない一部として残るでしょう．また，いくつかの国家の経済にとっても重要になるでしょう．しかし，多くの山岳コミュニティーにとって，その長期的な将来は，不確実なものであり，その一因として世界的に進行する気候変化の影響があげられます．

第7章
山岳域の気候変化

気候変化の痕跡

　地球上の生命は，太陽光を透過しつつ赤外放射も地上に放射するという大気の「温室効果」のおかげで生存しています．水蒸気は大気中で最も多量に存在する温室効果ガスですが，人間活動が全球平均の水蒸気量に与える影響は小さく，水蒸気の滞在時間もほんの9日間です．次に主要となる二つの温室効果気体が二酸化炭素とメタンで，これらは18世紀中頃に起こった産業革命以降，大気中で次第に増加しています．その要因として，特に化石燃料の燃焼，森林伐採，土地利用の変化があげられます．二酸化炭素とメタンの分子が大気中に滞在する時間はそれぞれ5〜200年および12年とも言われており，長期に大気にとどまるため，人間への影響も長期にわたることになります．

全球規模で二酸化炭素の蓄積量が増加している，という明らかな証拠は標高 3397 メートルのハワイ島のマウナロア山頂で 1958 年から現在まで続けられている長期観測により示されています．ここは，アメリカ気象局が，国の中で大気が十分きれいな所を選び抜いた結果，選定されました．そもそも，チャールズ・キーリング博士が二酸化炭素濃度のモニタリングを開始した理由は，二酸化炭素が大気に蓄積される量の日変化を詳しく理解するためでした．しかし，その数年後に，彼は二酸化炭素量が季節変化していることに気が付きました．これは，北半球の植生が二酸化炭素を夏に吸収し，冬に放出するという結果でした．さらに，彼は年々その蓄積量が増加していることを発見します．マウナロアでは，1958 年以降，二酸化炭素の蓄積量は 317ppm から 400ppm 近くに増加しています．このように，地球上で相対的に最も標高が高く，産業活動から遠く離れた山岳で，人間の将来に向けたすばらしい学術的な挑戦が実を結び，その結果，人間活動により二酸化炭素や他の温室効果ガスの蓄積量が増加していること，そして，それにより地球規模で気候が変化しつつあるということが全球での共通認識となったのです．

　山岳では，気候変化に関係するおもな要素が測定されてきただけではなく，気候変化の影響による決定的な痕跡も認められています．一番注目すべき痕跡は氷河の融解と山頂付近での植生帯の上昇です．氷河モニタリングの国際プログラムが開始されたのは 1894 年で，長期観測により，なぜ氷期がやってくるのか，といった気候変動の仕組みが明らかになる

と期待されました．最初は，氷河の長さを測定することから始まりましたが，その後，衛星画像も使った氷河の質量収支（降雪による収入と融解による損失の差）を含むモニタリングが行われるようになりました．衛星画像を使う最大の利点は，実際に行くことができない領域も含め，多数の氷河の全体像が把握できることにあります．1986年以降，30ヵ国以上の科学者から提供された氷河変動に関する標準化データが世界氷河モニタリングサービスにより収集されてきました．これらのデータによると，世界の氷河は縮小しつつあり，その変化の割合は加速しています．第一の要因は大気の昇温ですが，それに加えて氷河表面へ人為的起源による黒色炭素の微粒子や煤煙が堆積することも要因と考えられています．これらはおもにエンジンや石炭，およびその他のバイオ燃料の燃焼によるものです．煤煙は氷よりも放射を吸収し，氷河の融解を加速します．19世紀の産業革命はアルプスの氷河融解を加速させ，現在，同様の現象がヒマラヤで発生している可能性があるのです．

いままでに，世界で600以上の氷河が消滅してきました．一方，わずかですが成長している氷河も見られます．例えば，1990年代後半にわたってノルウェーやニュージーランド西岸では降雪量の増加によって氷河が成長し，西ヒマラヤでも成長が報告されています．ただし，これらは例外的です．全球で見ると，2003年から2009年にかけ最も損失が大きかったのは，アラスカ，カナダ極域，グリーンランド，アジアの高山地域，そしてアンデス南部です．1年で260ギガ

図18 スイス,モルテラッチ氷河の谷に立つ著者(2013年10月).50年前には,彼が立っている場所は氷河末端の氷の洞窟の中に位置していたことになります.氷河はいまでは,1キロメートル以上も短くなり,遠くに見ることができます.

トンの氷河が消失し,そのうちの80%がこれらの地域で起きています.亜熱帯や熱帯の山岳氷河が最も影響を受け,特に消耗が激しい地域です.例えば,過去30年にわたり,ネパールの全氷河の24%の面積が減少し,これは年間で平均38平方キロメートルの減少に相当し,氷の量としては29%が減少し,これは年間で129立方メートルの減少に相当します.世界的に見て最も熱帯に位置するアンデスの氷河においては,ペルーの氷河で1964年〜1975年での減少率が1976年〜2010年で3倍以上となり,コルディエラ・ブランカでは200平方キロメートルに相当する3分の1の領域が1980

年〜2006年の間に消失しました．中緯度の山岳においては，アルプスの氷河面積と質量が毎年2〜3％消失しています（図18）．アメリカ合衆国では，モンタナ州のグレーシャー国立公園の氷河の数が，公園が開設された1910年以降，150減少し，2010年には10ヘクタール以上の面積をもつ氷河はたった25になりました．北方に目を向けると，アイスランドにある300の氷河で，北半球平均の4倍の昇温にともない，1年で11兆トンの氷が解けています．

　長期観測が計画されたおかげで二酸化炭素と氷河の変動に関しては明らかにされてきましたが，高山植生が高所へ移動している痕跡が発見できたのは，予期せぬ幸運に恵まれたおかげでした．20世紀初期の20年間，著名なスイスの植物学者で熱烈なアルピニストでもあるヨシアス・ブラウン・ブランケは，スイス・アルプスの数多くの山頂を踏破していました．彼は，山の頂に優占している植生を記録していたのですが，1957年に，このような高所が気候変化の影響をモニターするのに適していることを考えついたのです．その理由として，マウナロア同様に，高所は人間活動の直接の影響を比較的受けにくいため，植生の変化がおもに自然要因に起因すると仮定できると考えたからです．1990年代初期，二人の若きオーストリア人植物学者マイケル・ゴットフリートとハラルド・パウリは，ブラウン・ブランケが登った山稜で，彼が行った測定を繰り返してみました．すると，彼らは山頂での種数が統計的に有意に増加していることを発見するのです．2000年に，この調査は全球規模の高山植物の観測ネッ

トワーク GLORIA へと拡大していきます．それぞれの植物種が発見された最高標高の測定が，現在では標準化された手法により5大陸40ヵ国で展開されています．オーストラリアのスノーウィー山脈と66に及ぶヨーロッパの山々で得られた最初の成果は，1世紀にわたって植物種の多様性に重大な変化が起きていることを示しました．オーストラリアと，北・中央ヨーロッパの山岳では種数が増加しています．一方，地中海域の山岳では種数は一定もしくは減少しており，その要因として夏の乾燥・高温化が考えられています．この結果は，気候変化の傾向が今後も続けば，これらの種の生存は将来，重大な脅威にさらされることを示唆しています．

山岳気候の変化

19世紀末以降，全球平均気温は約1℃上昇しています．この傾向は一定ではなく，地域間でかなりの違いがあります．気温を観測している地点が全球で均一に分布していないことも考慮することが重要です．産業先進地域では，長期間にわたる記録がたくさんあります．しかし，山岳域では気象観測地点のほとんどが谷間に位置しており，標高500メートル以上になるとその地点数は減少し，2000メートルを超える地点ではほんのわずかしかありません．このような制約のもと，比較的長期のデータを多数保有する数少ない山岳域の記録を見る限り，全球平均気温に比べて山岳域では早く昇温が進んでいることが明らかとなってきました．アルプスでは全球昇温率の2倍，モンタナ，ワイオミング，アイダホの三つの州にまたがるロッキー山脈では3倍の速度で暖まっている

のです．他の山岳域においては，必ずしも地域を代表した値ではないにしろ，南極を除いたすべての大陸における観測地点がおおむね昇温を示しています．降水量（降雨量と降雪量をあわせたもの）の過去の変化率は気温に比べ大きく変動しており，変動パターンは山岳で特に複雑です．これは，降水が各地域の地形に大きく影響を受け，山岳ではさらに年間の降水量に占める降雪量の割合が多いため，測定値が降雨量のみの場合に比べて不正確となることに起因しています．過去2世紀にわたる降水量の平均的な長期傾向は，アルプスの北西で増加，南東で減少を示しています．同時に，最近では，暖冬傾向にともない降雪より降雨が卓越し，同様の傾向はアメリカ合衆国西部，カナダ，西ヒマラヤ，日本などでも発現しています．

　たくさんの全球気候モデルが将来の気温変化をさまざまに予測していますが，特に降水量に関しては結果に大きな違いがみられるようです．その上，予測変化率は気候変化に対してどのような政治的な決断や人為的応答を行うかというシナリオに依存しています．山岳における将来の気候変化予測は，気候系に関する近年および現在の限られた知識を最大限投入して，取り組むべき課題です．一方で，多くの山岳域では，特に高標高域や冬季において，全球平均以上の昇温が継続的に進行するであろうことは目に見えています．北・中央ヨーロッパ，ロッキー山脈，ニュージーランド西部などの山岳域では積算降水量が増加の傾向を示す一方，地中海域や多くの乾燥域では減少傾向が見られます．そして，多くの地域

で降雪の割合が減少すると懸念されています．

　平均気温や降水量以上に，極端値が注目されることもあります．私たちは，ゆるやかな変化は許容できますが，極端な現象は受容できない場合があります．例えば豪雨によって洪水や地すべりが発生したり，極端に乾燥した期間に火事が生じたり，穀物や動物を失ったり，強風によって倒木や家屋に被害が及んだり，大雪により雪崩が発生したりする場合です．山岳域ではこのような極端現象の頻度や大きさが増加しているようです．危機的な例として，ハリケーンの頻度が増加する可能性があげられます．そうすると，カリブ海の島々や中央アメリカの山岳域のような火山性土壌で構成される急斜面地形では，地すべりによる不慮の災害や破滅的状況が発生します．アジアでは，より激しい季節風（モンスーン）による降雨が数千万から数億人の生活を脅かすことでしょう．

生態系への影響

　いままでに述べてきたさまざまな変化の多くは，人間のみならず，山岳域に直接あるいは間接的に依存している生態系にも影響を及ぼすでしょう．アンデスでは，氷河の消失が融雪水に依存する湿原に影響を及ぼすと予想されています．湿原は，そこで暮らすまたは渡来する生物にとって欠かすことのできない生息地です．気候が温暖化しても，山岳域に生息する種は低標高のものに比べてより簡単に，適応可能な新たな生息地に移動することができるかもしれません．なぜなら，急峻な地形では彼らが移動すべき距離は少なくてすむか

らです．GLORIA プログラムによれば，温暖化すると高山植物は高標高域へ移動できるとされています．同様に，森林も高標高域に拡大することになり，例えばスペインのモンセニー山域のナラやブナ林に見られるように，世界中の森林限界が高標高に移動することになります．マダガスカルの爬虫類と両生類，フランス，スペイン，アメリカ合衆国西部の蝶，コスタリカの鳥，アメリカ合衆国西部のピグミーウサギといった移動能力の高い種は，すでにこのような行動を示し始めています．しかし，高標高域に行くほど適した生息域は減少してきますから，いくつかの種はやがて行き場所をなくすことになるでしょう．特に問題なのは熱帯山岳域における高標高域で生息する種の場合で，例えば直接の気候変化だけではなく，高標高特有の雲がもたらす水蒸気が減少することや，病原体の拡大や増強が，生存率に影響を及ぼしかねません．

　事実，いくつかの種はすでに消滅しかけています．コスタリカの雲霧林に生息する両生類は，その有名な例です．モンテベルデ雲霧林自然保護区では最後のオレンジヒキガエルが 1989 年に見られ，中央・南アメリカの山々には多くのヒョウトビガエルの種も生息していましたが，近年それらの 3 分の 2 が絶滅しています．気候の変化が直接影響したとも考えられますが，夜間の気温が上昇した結果雲量が増加したことが特別な菌類に最適な環境をつくり出し，それによりこれらの種が消滅した可能性もあります．例えば，アメリカ合衆国西部の高標高の山岳帯に生息する小動物は，気候の温暖化と

彼らが生息するために必要な十分に低い温度の環境を失うため，局地的に絶滅する恐れが危惧されています．干ばつと夏の高温はタスマニアの亜高山域におけるユーカリや，北アメリカ西部および南西部のアスペンやロッジポールパイン，ピニョンマツの死亡率を高めています．現時点では種の絶滅はあまり見られないものの，気候の変化が個体数の生き残りに影響を及ぼすこともあります．例えば，カナダのロッキー山脈に生息するメスのコロンビアジリスは20年前に比べて現在は10日ほど冬眠から覚めるのが遅くなっています（図19）．大きな要因として融雪の遅延があげられます．春に頻繁に降雪をともなう擾乱が到来するために，積雪がより長期間残ります．その結果，動物たちは冬眠に必要な脂肪を蓄える時間が不足し，かつてのように個体数を増加できず，個体数の長期変動に影響を及ぼすのです．逆に，気候の変化が良い方向に働く場合もあります．例えば，コロラド・ロッキー山脈の標高2900メートル地点では1975年に比べて現在では

図19 アメリカ，モンタナ州グレーシャー国立公園で見かけるコロンビアジリス．気候変化で影響を受けつつある高山生息種の一つ．

融雪時期が2週間早まっており，マーモットは冬眠に入る前により多くの脂肪を蓄えることができるようになりました．

　種が繁栄するための適切な生息地は基本的に重要ですが，他にも極めて重要な要素があるかもしれません．生活史のすべてを受粉に頼る植物の種にとって，花粉媒介者は不可欠です．捕食者はエサを，新たに孵化した鳥たちは食べ物を必要とし，草食動物は食べ物となる適切な植物を必要とします．しかし，これらの種間関係は種に応じて気候変化に対する応答が異なるかもしれません．例えば，一つの種が山岳域で通年にわたり生息していたところに，気候が変化した他の場所から他の種が移住してくる場合に問題が発生します．コロラド・ロッキー山脈では，中央アメリカからフトオハチドリとともに移住してきた蜜をつくる植物は，より早期に開花するため，鳥たちが到来する頃には彼らが必要とする花蜜が枯渇してしまいます．もしこのような傾向が継続すると，鳥たちは十分な巣づくりをし，ヒナが巣立つ準備をする時間を確保できません．スコットランドでは，ムナグロが低地から高地に移住した結果，ヒナを養うためのガガンボ（大蚊）が必要となり，もしこの食べ物が得られなくなれば彼らは生き残ることが困難となります．多くの場合，ガガンボの発生量は先行する夏の天候が彼らの幼虫にどのような影響を及ぼすかに依存しているため，現象は複雑となります．中国のチンリン山脈では，ジャイアントパンダが彼らの主食である竹類の生息域の減少に脅かされるでしょう．そして，ヒンドゥークシュとヒマラヤでは，森林が開拓されることでユキヒョウの

生息域がなくなるかもしれません．

　気候と生き物の種との間に複雑な相互作用が存在してきたということは，今後，より多くの種が絶滅に向かう可能性があるということも意味します．一方で，新たな種が低地から山岳域に移動することにより，新たな種間の相互作用が生じ，新しい生態系が生まれるかもしれません．植物の場合，積雪期間と成長時期の変化は新陳代謝に対する気温の直接的な影響よりも大きい可能性があります．現在，高所で生活する種は，より高所に生息地を求めることができず，低標高域からやってくる種と競うこともできないため，特に脅かされることになります．アメリカ合衆国西部に生息する4種類のマスは，すべて生息域を失うと考えられますが，いずれの個体数にどの程度影響を及ぼすかは，昇温，流量，そして他の種の個体数との相互作用に依存すると考えられます．しかし，多くの山岳域におけるほとんどの種に関して，多様な相互作用を長期にわたり監視する仕組みは乏しく，十分な理解には至っていません．本章で取り上げたように，1975年から始められたロッキー山脈生物研究所によるコロラド・ロッキー山脈での野外調査は特別なケースです．もし，絶滅が予想される種の数を維持したければ，種の変動の仕組みを理解し，それに影響を及ぼす要因を把握するための，長期データが必要となります．さらに，生物多様性を保全するために，例えば固有種の生息地と保護区をつなげる経路を確保する，といった類の地域ごとの対応策もますます重要となります．というのも，気候変化は種の分布に影響を及ぼす要因の一つ

でしかなく，土地利用の変化もまた非常に多くの種とそれらの生息域に影響を及ぼし続けるためです．

課題と挑戦

　氷河の数，面積，体積の消失は，山岳における気候変化が現地に大きな影響をもたらしており，今後も継続するであろうということを明瞭に物語っています．氷河からの融雪水を直接利用している都市，産業，農家にとって流量の増加は数年から数十年の間は，利益をもたらすでしょう．しかし，その後はどうなるでしょうか．全球では，1億4000万人が河川流域に住み，それらの河川のうちの年間流出量の25％が氷河の融雪水で占められています．年流量の10％を氷河の融解で賄っている流域に3億7000万の人々が居住していることになります．全球規模で見ると，このような危険性がある人口の90％がアジアに住んでいます．一旦，氷河が消失すると，季節に依存して降る雨しか利用できなくなります．このような状態は，すでにアンデスの一部の地域で発生しています．今後はラパスとレアルト近郊，リマ，チリのサンティアゴといった，氷河からの融水に依存している主要都市でも問題が現実になりそうです．世界中の山岳周辺域に住む人々にとって，降水の時期や量が変化することは，それが雪か雨かということも含めて重要です．降雨はすぐに下流へ流れますが積雪は春の融雪期まで蓄積されるため，山岳域のみならず遠隔域での水資源供給に影響を及ぼすでしょう．温暖化の結果，最大流量は春先か冬季に現れ，特に降雨が凍土域で発生すると洪水の頻度が増加する可能性があります．その

ため，例えばヨーロッパなど，夏の水不足が懸念される地域では，農業，産業，その他の国内での水利用に対して重大な影響を及ぼすかもしれません．水力発電にも影響するでしょう．ニュージーランドやスカンジナビアでは発電量がここ数十年は増加するかもしれませんが，他のヨーロッパ地域では減少に転じるでしょう．全世界の人口が増加し，それにともなう食料，エネルギー，産業製品の需要が高まるにつれ，これらの変化は顕在化するはずです．山岳の降水に依存している限り，あらゆる異なるステークホルダーが，水資源をいつどこで極力，効率的に利用できるかを明確にするためにも，より効果的な計画立案と協力体制を早急に考える必要があります．

もう一つの課題として，永久凍土（土壌や基盤岩などが年間を通して凍結している状態）の融解があげられます．これは，特に高山および山岳の氷雪帯で見られ，一般に季節に応じて凍結と融解が生じる活動層の下で発生します．気候が温暖化し，積雪が薄く融解が早くなれば，活動層はより厚くなるでしょう．この現象は20世紀初頭にアルプスで発生しており，特に1980年代からは2800メートル以上の標高からの大きな落石や岩石雪崩の頻度を増加させています．これらの約半数は近年氷河が後退した地域で発生していました．凍土の融解はスキー場の施設にも影響を与えてきました．リフトの支柱周辺の凍土が解け，小規模な斜面崩壊が発生しているのです．世界中を見渡すと，このような現象は低緯度域でより多く発生しているようで，スキー場に限らず建築物や交通

施設にも及んでいます．その他の自然災害で頻発しているのが，特に夏の高温乾燥化にともなう山岳域の野火です．例えば，1980年代から2000年にかけてスイス・アルプスでは夏の気温が上昇し，雷による山火事の頻度が20％から41％へと増加しました．

　山火事の発生頻度の変化は，山岳森林を生活や収入の糧にするコミュニティーや企業にとって多くの重要課題の一つです．一般に樹木の樹命は長いため，どの樹種を選定して，あるいはそれらをどのように混在させて植林を行うか，ということも含めた将来計画は，気候変化を考慮するとますます難しい課題となります．土壌と水分条件が整った山岳森林では，気温の上昇と二酸化炭素濃度の増加が森林の成長速度を速め，いくつかの樹種は高標高域に侵出し，結果的に，種の多様性や生息域の拡大をもたらします．ひいては自然災害に対して抑制効果をもたらす，といった楽観的な利害関係が生じる可能性もあります．しかし，樹木の成長や森林密度・森林域の増加は，山火事が発生した際に多くの燃料を提供することにもなります．その他の課題として，森林に比べて格段に寿命が短い害虫や病原菌といった生命体の関与です．

　1990年中盤以降，アメリカマツノキクイムシの大発生は，北アメリカ西部に広がる数百から数千平方キロメートルのロッジポール・マツ林に影響を及ぼしました．弱った樹木は菌に感染しやすくなり，その結果，多くの樹木を直接または間接的に殺傷したのです．この大発生の一要因として気候が

あげられます．夏が暑く乾燥し，冬が温暖となることで，甲虫の発生に要する期間が2年から1年へと短縮され，よりたくさんの甲虫が生き延びられるようになりました．もう一つの要因は歴史です．多くの森林には非常に均一で古い樹木が密集しています．これには過去の人間活動が関係しており，19世紀後半の広域の山火事とそれに続く山火事の減少も含まれます．これらのことがとりわけ甲虫の急速な分布拡大と大発生を助長しました．その規模は前代未聞で，甲虫は小型のマツ林（ホワイトバーク・パイン林）にも広がりました．同様の事例は他の山岳域でも発生しており，天然林とともに外来の林にも影響を及ぼしたようです．例えば，ニュージーランドで最も一般的な植林樹種であるラジアータマツは気候変化により成長が加速しましたが，葉枯れを引き起こす菌の増殖をもたらし，その結果，成長の加速を相殺しています．このような過程はさらなる影響を引き起こすことになります．壊死または弱った森林は木材をたくさん供給できると思われがちですが，そのような品質の悪い材木で潤う市場はないでしょう．結果的に，森林に依存している社会を脅かすことになりかねません．森林はそのうち焼かれ，その中で生活する動物も含めた共同体を脅かすことになります．これは，森林が炭素を貯蓄するのではなく放出することをも意味します．天然林の消失は，自然災害に対する効果的な防御機能を失い，固有種の生息に危機をもたらします．例えばアメリカマツノキクイムシの流行後，キンメフクロウは，40〜60年の間は見られなくなる可能性があります．その一方で，短期間に限れば，これらすべての過程で恩恵を受ける他の種がい

る可能性もあります．

　樹木が数十年単位で成長するのに比較して，山岳域のほとんどの作物は年単位で成長するため，多くの課題が対照的になることもあります．土壌の状態が適切で十分な水が得られる限り，高標高域でも作物を育てることは可能です．これは穀物に限ったことではなく東アフリカではバナナ，トウモロコシ，プランティーンといった作物がつくられています．パキスタン，チトラルの標高1500メートルの地帯での農耕のように，収穫量が増え1年に2回の収穫も見込めるかもしれません．特に，変化に富む多様性を維持することができ，限定された生息域を適切に確保しつつ作付できる地域であれば，気候変化が農業に恩恵をもたらすこともあるかもしれません．このような現象はボリビアですでに起こっています．ただし，農民は必要とする水を探す必要が生じます．同様に，放牧家畜に依存している農家は高標高域の牧草地を拡大することができ，無積雪地帯の拡大により，さらに長く放牧することが可能となり，家畜を殖やすことにもつながります．これらすべての潜在的な利益により，特にアジアを中心とした第三世界の餓死の危険をともなう25万人にも及ぶ山岳遠隔地の人々の食の安全を増すことができます．一方で，残念ながらこれらの機会が他の要因により阻害される可能性もあります．適切な水供給がないこともその一つですが，その他に害虫や疫病が高標高域で広がる可能性があり，そうなると穀物の収穫が減少し蓄えられた食料も失われます．その結果，全球規模でみると，対策がとられない場合，山岳域で

の餓死や栄養失調に対する危険性が増加することも十分考えられます．多様な穀物を栽培することによりいくつかの利点が考えられます．まず，生計と商売の両立にとって確実な収穫を担保するために必要とされる多様な状況と伝統的な知恵に順応できる点です．次に，有機農業法の導入が見込めます．多様な収入源の助けで弾力的に食料システムを増強するために，農業，林業，漁業，そして現地の食品加工の統合が進捗します．さらに，持続的に天然食品資源を使うことも有効です．特に高標高域への農業域拡大が懸念される場合，保護地域の管理者と慎重な交渉が必要となるかもしれません．

　栄養失調の時，人々は病気に対してますます敏感になります．山岳域の人々が地域を発展させていくうえでの大きな懸念は，特にマラリアなどの病気の高標高域への拡大です．近年，これを媒介する蚊は気温の上昇により高標高域に移動しつつあり，東アフリカでは標高 2000 メートルに，ボリビアでは 2200 メートルにまで到達しています．また中国中部では，昇温と降水量増加によりマラリアが再発しています．このような傾向は，過去に近隣の低地に比べて健康的であった山岳域にとって，決して歓迎されることではありません．それでも，必要な資金と知識がある限り，マラリアを制御できることはよく知られています．同様に，インドやネパールの高地では脳炎が報告されるようになってきていますが，これはワクチンにより予防できます．健康に関する不安は観光客を呼び込もうとしている人々にとっても懸念材料です．特にスキーのための雪に頼っているいくつかの地域では，関係企

業にとって好ましくない状態が出現しています．現実問題としてオーストラリアのスノーウィー山脈を例にあげると，スキー場を継続するために，1ヵ月に 2.5〜3.3 ギガリットルの水を 700 もの人工降雪機が使用するため，2020 年までに 1000 万ドルの投資が必要と試算されています．さらに，オーストラリアからさほど遠くないニュージーランドのスキー場では，降雪量への心配がないにもかかわらず，良いスキーコンディションを確保するため，すでに人工降雪機が使われ始めています（図 20）．アルプスや世界の他の山岳域の低標高リゾート地域では，自然降雪に頼れる見込みが乏しく，人工雪に頼ることも難しいため，スキーは高価なものになるでしょう．一方，世界中で山岳域の夏の気温が上昇して

図 20 ニュージーランド，ルアペフ山・ワカパパスキー場の人工降雪機．近年の気候変化の中，人工雪はスキー場で安定的に雪を確保しスキーシーズンを拡大してきましたが，これもいつまでもつか心配です．

も，おもな観光客の源となる都市域や沿岸域に比べれば常に山岳域は冷涼です．その結果，第6章で解説したように，観光客が多くの山岳域で経済活動を行い，地域との十分な調和が重要となってきます．アメニティー（快適環境）や人々が生活するうえでより魅力的だと感じることによる移住，または，低地の気候が温暖化し不衛生化することによる移住は，世界中の多くの山岳域で見られるようになっています．山岳域が農業やその他の生計にとって新しい機会を提供する場所だと認識されはじめているのです．

多くの複雑な課題の中で，山岳域は気候変化がもたらす二つの主要な緊急課題に関して特別な場を提供しています．一つは温室効果ガスの放出を抑制し二酸化炭素を蓄積すること，もう一つは再生可能エネルギーの創出です．山岳の森林は炭素の代表的な貯蓄源であり，この価値を最大限利用するための可能性に国連の「途上国における森林減少・劣化からの排出の削減」（REDD+）プロジェクトは注目しています．一例として，ネパールで104のコミュニティーが利用する1万266ヘクタールの森林において，「持続可能な農業および生物資源のためのアジアネットワークと国際総合山岳開発センター，ネパールのコミュニティー森林利用者連合」がかかわるプロジェクトが，実施されています．彼らは，森林伐採と荒廃を生じさせている要因を明らかにし，炭素蓄積量を測定し，燃料や斜面の安定化のための植林を行っています．回復した森林の管理，家畜の放牧コントロール，バイオガスや改良型調理ストーブの導入といったことも実施されていま

す．2011年のプロジェクト始動以降，これらの活動により，炭素貯蓄量は増加しつつあり，その結果コミュニティーは賃金を受け取り，森林育成と地域の生計を支えるその他の活動の両者に再投資できるのです．森林に加えて，山岳泥炭地，草原，そして灌木(かんぼく)域は地下の代表的な炭素貯蔵場所です．炭素放出を抑制するための泥炭地管理はイギリス北部の多くの土地所有者によって調査されつつあります．牧畜管理方法の改良，生態系復元，山火事の管理もまた，草原や灌木域からの温室効果ガス放出を低下させることができ，アンデス，オーストラリア，ネパール，ニュージーランドなどで調査が進んでいます．REDD+のような炭素市場・財源メカニズムを通して，これらすべての活動資金を調達できる可能性があります．

　山岳の地形と気候は再生可能エネルギーをつくり出すうえで重要な可能性を有することが示されています．特にヨーロッパ，北アメリカ，そして中国で増加しつつあるように，広範囲で水力発電は開発されており，今後もその数は増加していくでしょう．しかし，どの場所を開発すべきかを考える時，社会と環境を多角的に公平に考慮しなければならない難しい問題があります．それに加えて，より小型の省電力発電を導入することも，地域の経済活動を補助し，かつ気候変化を低減するために必要となります．山岳域では太陽光発電の利用は少ないですが，各家庭やコミュニティー施設へのエネルギー供給に対する風力発電開発は進んでおり，それらは時として山岳景観を損ねることがあります．その結果，どこに

建設すべきか，多くの論争を生みます．例えばスコットランドのケアンゴーム国立公園は，一連の風力発電が公園内には敷設されず，園内からの景観を損ねないように配置されたため，結果的に環状に分布しています．これは新たな取り組みと言えるでしょう．

不確実な将来のためのパートナーシップ

　気候変化はまた，全球的な政策課題の中に「持続可能な開発」の必要性も浮かびあがらせました．1992年のリオにおける地球サミットでは，気候変動に関する国際連合枠組条約と「アジェンダ21」の両者において，特に山岳域を考慮すべきだとしています．「アジェンダ21」の山岳の章に導入された山岳域の持続可能な開発は，第一に山岳に生きる人々と彼らが頼る環境，第二に山岳がもたらす多くの産物やサービス（多くは直接認識されていないかもしれませんが）に依存する人々，そして彼らの行政，といった継続的な健全的な状態（ウェルビーイング）に言及しています．この，健康状態を長期にわたって担保することは，グローバリゼーション，経済的課題，食料，エネルギー，その他の資源を供給する不透明さで象徴される時代において，非常に重要な課題でもあります．したがって，山岳域の持続可能な開発に対する関心の高まりは，山岳域に関係する多くのステークホルダー（彼らは山から離れた都市域や，山岳域と経済的つながりをもつ，あるいは他資源を供給している他の国々で生活しているかもしれません）間での建設的で見識のある協力を必要とします．その意味で，気候変化に対する課題は，主として科学

研究，トレーニングや教育，知識やデータの共有，政策の開発や実行，財政資源の公平な振替，などのための協力に向けた刺激を付加的にもたらします．近年，各所でこのような協力機構が出現しており，例えばMountain Research Initiative（マウンテン・イニシアチブ），The Mountain Partnership（マウンテン・パートナーシップ），The Mountain Initiative for Climate Change initiated by the government of Nepal in 2009（2009年にネパール政府によって始められた気候変動のためのマウンテン・イニシアチブ），National Adaptation Programmes for Action on climate change in many developing countries（多くの発展途上国における気候変動への国家適応行動計画），project on ecosystem-based adaptation in mountain areas funded by the German government and implemented by IUCN, UNEP, and UNDP—initially in Nepal, Peru, and Uganda（ドイツ政府が出資し，IUCN，UNEP，UNDPが実行した山岳地域における生態系を基盤とした適応プロジェクトで，当初はネパール，ペルー，ウガンダで始まったプロジェクト）があげられます．

　山岳に生きる人々の多くは屈強な身体をもち，時として好戦的で戦いに長け，多くの戦争に傭兵として参加していると考えられてきたかもしれません．しかし，一方で，多くの伝統的な山岳社会における共通の特徴として，彼らは，成長期が短く，斜面が急で，土壌が薄く，水資源を注意深く管理しなければならない環境と共存し，長きにわたって生き延びるべく協力しあったことも忘れてはなりません．その結果，彼

らの社会では，森，放牧地，灌漑(かんがい)システム，その他の資源を管理するための制度を入念につくり出してきました．そのような制度は多くの山岳域でいまだに存在していますが，雇用のための域外移住，経済状態の変化，政府の働きかけといった外からの影響を受け，多くは弱体化し失われつつあります．これらの制度は，いかにしてさまざまな関心をもつ人々を一つにまとめ，共通の利益に向かって行動していくかを示すお手本です．彼らはさらに，グローバリゼーションの世の中で，山岳域での生活のための新しいパートナーシップに関する貴重なモデルを提供してくれるかもしれません．これらは，国内外のNGO，コミュニティー開発のプロジェクトを請け負ってくれるようなトレッキング会社のような民間企業，そして「課題と挑戦」の節で紹介したネパールREDD+プロジェクトのような社会研究・開発機構といった，ありとあらゆるステークホルダーを巻き込むかもしれません．国内や国際スケールでのパートナーシップも出現してくるでしょう．気候変化を予測するのは困難な時代かもしれませんが，山岳域の人々と環境が人類に恩恵を生む持続可能な未来をもたらすことができるかもしれないということを一緒に考えてみませんか．

参考文献

 以下に，各章や本全体を書くにあたって参考にした図書，文献，ウェブサイトを列挙します．多くは全球，大陸，または地域的視点で書かれたものですが，この他にも引用できなかった特定の山地や山村に関する図書があります．山岳をテーマとした文献は，雑誌 *Mountain Research and Development* と，そのなかの評論から探すことができます．

山岳に関する一般図書

C. Ariza, D. Maselli, and T. Kohler, *Mountains: Our Life, our Future. Progress and Perspectives on Sustainable Mountain Development* (Bern: Swiss Agency for Development and Cooperation and Centre for Development and Environment, 2013).

European Environment Agency, *Europe's Ecological Backbone: Recognising the True Value of our Mountains* (Copenhagen: European Environment Agency, 2010).

B. Messerli and J.D. Ives (eds.), *Mountains of the World: A Global Priority* (New York and London: Parthenon, 1997).

M.F. Price (ed.), *Mountain Area Research and Management: Integrated Approaches* (London: Earthscan, 2007).

M.F. Price, L. Jansky, and A.A. Iatsenia (eds.), *Key Issues for Mountain Areas* (Tokyo: United Nations University Press, 2004).

M.F. Price, A.C. Byers, D.A. Friend, T. Kohler, and L.W. Price (eds.), *Mountain Geography: Physical and Human Dimensions*

(Berkeley: University of California Press, 2013).

D.B.A. Thompson, M.F. Price, and C.A. Galbraith (eds.), *Mountains of Northern Europe: Conservation, Management, People and Nature* (Edinburgh: The Stationery Office, 2005).

Alpine Convention: <http://www.alpconv.org/pages/default.aspx>.

CIPRA: <http://cipra.org/en>: アルプスの現状を知る最良の出発点.

International Centre for Integrated Mountain Development: <http://www.icimod.org/>: ヒンドゥークシュ山脈およびヒマラヤ山脈に関する情報の必須のサイト.

Mountain Forum: <http://www.mtnforum.org>: 持続可能な山岳開発に興味のある人にとっての知識の宝庫, ソーシャル・ネットワーク, インターネット情報ポータル.

Mountain Research and Development: <http://www.mrd-journal.org>: 最も長期にわたって発行されている世界的な山岳学術雑誌. 論文, 書評などからなり, 2000 年以降の号はすべて誰でも無料で入手可能.

Revue de Geographie Alpine / Journal of Mountain Research: <http://rga.revues.org/index.html>: 1913 年発刊の価値の高い学術雑誌. すべての号がインターネットで閲読可能.

第 1 章 問題提起 なぜ, 山が問題なのか

R.G. Barry, *Mountain Weather and Climate* (Cambridge: Cambridge University Press, 2008).

E. Bernbaum, *Sacred Mountains of the World* (San Francisco: Sierra Club Books, 1997).

B. Debarbieux and G. Rudaz, *The Mountain Makers* (Chicago: University of Chicago Press, 2015).

J.D. Ives, *Sustainable Mountain Development—Getting the Facts Right* (Lalitpur: Himalayan Association for the Advancement of Science, 2013).

J. Mathieu, *The Third Dimension: A Comparative History of Mountains in the Modern Era* (Cambridge: White Horse Press, 2011).

National Research Council, *Lost Crops of the Incas* (Washington, DC: National Academy Press, 1989).

第 2 章 山は永遠のものではない

G. Heiken, *Dangerous Neighbours: Volcanoes and Cities* (Cambridge: Cambridge University Press, 2013).

M.R.W. Johnson and S.L. Harley, *Orogenesis—The Making of Mountains* (Cambridge: Cambridge University Press, 2012).

P. Owens and O. Slaymaker (eds.), *Mountain Geomorphology* (London: Edward Arnold, 2004).

第3章　世界の給水塔

U. Bundi (ed.), *Alpine Waters* (Heidelberg: Springer, 2010).

T. Hofer and B. Messerli, *Floods in Bangladesh: History, Dynamics and Rethinking the Role of the Himalayas* (Tokyo: United Nations University Press, 2006).

Ellen E. Wohl (ed.), *Inland Flood Hazards: Human, Riparian, and Aquatic communities* (Cambridge: Cambridge University Press, 2000).

第4章　垂直の世界に生きる

L.L. Bruijnzeel, F.A. Scatena, and L.S. Hamilton (eds.), *Tropical Montane Cloud Forests: Science for Conservation and Management* (Cambridge: Cambridge University Press, 2010).

I. Coxhead and G.E. Shively (eds.), *Land Use Changes in Tropical Watersheds: Evidence, Causes and Remedies* (Wallingford: CABI, 2005).

H.L. Fröhlich, P. Schreinemachers, K. Stahr, and G. Clemens (eds.), *Sustainable Land Use and Rural Development in Southeast Asia: Innovations and Policies for Mountainous Areas* (Heidelberg: Springer, 2013).

L. German, J. Mowo, T. Amede, and K. Masuki (eds.), *Integrated Natural Resource Management in the Highlands of Eastern Africa—From Concept to Practice* (Abingdon: Earthscan, 2012).

C. Körner, *Alpine Treelines: Functional Ecology of the Global High Elevation Tree Limits* (Dordrecht: Springer, 2012).

H-P. Liniger and W. Critchley (eds.), *Where the Land is Greener—Case Studies and Analysis of Soil and Water Conservation Initiatives Worldwide* (Wageningen: CTA, UNEP, FAO, and CDE, 2007).

M.F. Price, G. Gratzer, L.A., Duguma, T. Kohler, D. Maselli, and R. Romeo (eds.), *Mountain Forests in a Changing World—Realizing Values, Addressing Challenges* (Rome: Food and Agriculture Organization of the United Nations, 2011).

M.K. Steinberg, J.J. Hobbs, and K. Mathewson (eds.), *Dangerous Harvest: Drug Plants and the Transformation of Indigenous Landscapes* (Oxford: Oxford University Press, 2004).

第5章　多様性の宝庫

B. Brower and B.R. Johnston (eds.), *Disappearing People? Indigenous Groups and Ethnic Minorities in South and Central Asia* (Oxford: Berg/Left Coast Press, 2007).

C. Körner and E.M. Spehn (eds.), *Mountain Biodiversity—A Global Assessment* (New York and London: Parthenon, 2002).

S.A. Laird, R. McLain, and R.P. Wynberg (eds.), *Wild Product Governance: Finding Policies That Work for Non-timber Forest Products* (London: Earthscan, 2010).

L. Nagy and G. Grabherr, *The Biology of Alpine Habitats* (Oxford: Oxford University Press, 2009).

R.E. Rhoades (ed.), *Development with Identity: Community, Culture and Sustainability in the Andes* (Wallingford: CABI Publishing, 2006).

E.M. Spehn, M. Liberman, and C. Körner (eds.), *Land Use Change and Mountain Biodiversity* (Boca Raton: CRC Press, 2006).

S. Stevens (ed.), *Indigenous People, National Parks, and Protected Areas* (Tucson: University of Arizona Press, 2014).

第6章　保護地域とツーリズム

Austrian MAB Committee, *Biosphere Reserves in the Mountains of the World: Excellence in the Clouds?* (Vienna: Austrian Academy of Sciences Press, 2011).

B. Debarbieux, M. Oiry Varacca, G. Rudaz, D. Maselli, T. Kohler, and M. Jurek (eds.), *Tourism in Mountain Regions: Hopes, Fears and Realities* (Geneva: University of Geneva, 2014).

D. Harmon and G.L. Worboys (eds.), *Managing Mountain Protected Areas: Challenges and Responses for the 21st Century* (Colledara: Andromeda, 2004).

B. Verschuuren, R. Wild, J.A. McNeely, and G. Oviedo (eds.), *Sacred Natural Sites: Conserving Nature and Culture* (London: Earthscan, 2010).

G. Worboys, W.L. Francis, and M. Lockwood (eds.), *Connectivity Conservation Management—A Global Guide* (London: Earthscan,

2010).

Mountain Protected Areas Network: <http://conservationconnectivity.org/mountains-wcpa/about.htm>.

Mountain Voices: <http://mountainvoices.org/>: a unique set of oral testimonies from ten mountain regions.

第7章 山岳域の気候変化

A. Bonn, T. Allott, K. Hubacek, and J. Stewart (eds.), *Drivers of Environmental Change in Uplands* (Abingdon: Routledge, 2009).

U.M. Huber, H.K.M. Bugmann, and M.A. Reasoner (eds.), *Global Change and Mountain Regions—An Overview of Current Knowledge* (Dordrecht: Springer, 2005).

T. Kohler, A. Wehrli, and M. Jurek (eds.), *Mountains and Climate Change: A Global Concern* (Bern: Centre for Environment and Development, 2014).

L.A.G. Moss and R.S. Glorioso (eds.), *Global Amenity Migration—Transforming Rural Culture, Economy and Landscape* (Kaslo and Port Townsend: New Ecology Press, 2014).

B. Orlove, E. Wiegandt, and B.H. Luckman (eds.), *Darkening Peaks: Glacier Retreat, Science and Society* (Berkeley: University of California Press, 2008).

Mountain Partnership: <http://www.mountainpartnership.org>: 山岳関連問題に取り組む機関に関する貴重な情報源.

Mountain Research Initiative: <http://mri.scnatweb.ch/en/>: 世界の山岳域における全球的変化のあらゆる側面についての研究を支援する世界的イニシアチブ.

図の出典

図1
The world's mountains
World Mountains from UNEP World Conservation Monitoring Centre: Mountain Watch, 2002.
<http://www.unep-wcmc.org/resources-and-data/mountain-watch--environmentalchange-sustainable-development-inmountains>

図2
Cerro Rico, rising above Potosi, Bolivia
© Rafal Cichawa/Shutterstock.com

図3
Buddhist stupas, or chorten, on the trail around Mount Kailash, Tibet
© Udompeter/Shutterstock.com

図4
The volcanoes of Mauna Loa and Mauna Kea, Hawaii, c.1880
The Print Collector/Heritage Images/Glowimages.com

図5
Kagoshima city, Japan, with nearby Sakurajima volcano erupting, on 30 March 2010
© wdeon/Shutterstock.com

図6
Aerial view of the Bingham Canyon Mine, Utah
© Lee Prince/Shutterstock.com

図7
Falaj Masirat Ar Rawajih, Al Jabal Al Akhdar, Oman
Photograph by Martin F. Price

図 8
The Oberaarsee and dam
Photograph by Martin F. Price

図 9
Nomadic pastoralism in the Eastern Carpathians
© Baciu/Shutterstock.com

図 10
Treeline at c.3,100 metres on Mount Rose, Sierra Nevada, California
Photograph by Martin F. Price

図 11
Forests in the Tatra National Park, Slovakia
Photograph by Martin F. Price

図 12
Terraces along the side of the Valle de Hermigua, La Gomera, Canary Islands
Photograph by Martin F. Price

図 13
Quito, Ecuador
Photograph by Martin F. Price

図 14
An endemic ibex (*Capra ibex*) in the Dolomites, Italy
Photograph by Martin F. Price

図 15
A woman from Cusco, Peru
Photograph by Martin F. Price

図 16
Mount Ruapehu, in Tongariro National Park, New Zealand
© Jiri Foltyn/Shutterstock.com

図 17
The Bailong elevator, in Wulingyuan World Heritage Site, China
Photograph by Martin F. Price

図 18
The author in the Morteratsch valley, Switzerland, in October 2013
Photograph by Randi Kvinge

図 19
Columbian Ground Squirrel in Glacier National Park, Montana, USA
© mlorenz/Shutterstock.com

図 20
Snow guns at Whakapapa skifield, Mount Ruapehu, New Zealand
© ChameleonsEye/Shutterstock.com

訳者あとがき

　本書をお読みいただいた皆さんは,「山岳」というと何を思い浮かべるでしょうか？　登山, 高山植物, 温泉……. 日本人は古くから山に親しみ, 山からの恵みを利用してきました. 近年は, 以前にも増して低い標高域に広がる里山（中山間地）の活用も注目されています. 一方で, 隆起を続ける日本列島は自然災害の多発地域でもあり, 絶えず防災に向けた努力が払われてきました. 過疎化や鳥獣被害といった社会的問題も進行しています. しかし, 山にまつわる課題を全般的に学べる良書にはなかなかお目にかかることができませんでした.

　そもそも山の定義はとても難しく, 地域で違うだけではなく, 研究対象によっても異なります. 山の水循環を研究する人は, 山だけでなくて低地まで含めて山をとらえます. 氷河を対象としている研究者は, 氷河が存在する高山に注目します. 訳者の一人渡辺は, 大学院の講義の第一回目に「山の定義」を学生に教えていますが, 本書の第1章でも同様に「山の定義」が議論されています. 著者のマーティン・プライスは, アメリカ合衆国, ボルダーのコロラド大学大学院・地理

学専攻で博士号（PhD）を取得しました．ちょうど彼が博士論文をまとめようとしていた時に，渡辺が同じ研究室の博士課程に入学し，ともにジャック・アイブス教授の指導を受けることになりました．実は，プライスも渡辺も，アイブス教授の講義で「山の定義」を学んでいました．

一方，もう一人の訳者の上野は，山の研究に関する国際的なネットワークであるマウンテン・リサーチ・イニシアチブ（Mountain Research Initiative）を通して，2014年以来，プライスと面識をもつようになりました．プライスが所属するスコットランド・ハイランド／アイランド大学は，大学レベルで「山岳研究」を教える数少ない教育機関です．上野は現地を視察し，日本国内の複数大学による「山岳研究」の連携および山岳学位プログラム計画に，プライスの大学で確立したすぐれた研究・教育体系を紹介しました．

これが，本書の著者と二人の訳者の関係です．

日本では，2016年に「山の日（8月11日）」ができたばかりですが，日本は世界的にも広く知られた「山岳国家」である一方，周りを海に囲まれた島国でもあります．世界の多くの国・地域は，地続きで国境を隔てており，例えばヨーロッパの人たちにとっての山の重要性は，山が国境であることが多いという事実と強く関係しています．世界の国・地域の山には，日本ではまったく考えられない重要性があると言えます．

山を歩けば山の深さを知ることができますが，山はさまざまな意味をもっており，本書を読まれることでさらにもう一つの「山の奥深さ」を知ることができるようになります．日

本では，古来より「動かざること山の如し」と伝えられるように，山はどっしりとした動かないものの代表としてとらえられてきました．しかし，実際の山はとてもダイナミックで，絶えず変化しています．

そうした山の変化は，将来，どのような方向に進んでいくのでしょうか．山における開発を持続可能なものとして進めることの必要性は，いまや国際的な視点では当然のことと言えます．本書は，国際的にはホットな内容であるのに，日本人にとっては必ずしもなじみ深くはない山岳のテーマが幅広く扱われていて，私たちが知っておくべきことが非常にコンパクトにまとめられています．

著者のマーティン・プライスは，1957年にロンドンで生まれ，カナダ，カルガリーのシェフィールド大学大学院で修士号を取得し，その後，すでに述べたようにアメリカ合衆国，ボルダーのコロラド大学大学院で博士号を取得しました．FAO, IUCN, UNEP, WWFなど数多くの国際機関と強い関わりをもっており，また，多くの学術雑誌の編集にも携わっています．プライスは，「写真家」といってもよいくらい素晴らしい写真を撮影します．また，すぐれた声楽家でもあります．2012年にはスイスのキング・アルバート一世記念財団からアルバート山岳賞（Albert Mountain Award）を授与されています．

最後に，本訳書の誕生のきっかけについて書いておきたいと思います．2015年10月にイギリス，スコットランドのパースにて"Perth III: Mountains of Our Future Earth"と題した国際会議が開催されました．会場の入口で販売されていた

緑色のカバーの小さな原書を上野が手にとり，早速，会議の実行委員長かつ著者であるプライスにサインを求めところ，「日本語でも出版しませんか」ともちかけられました．また，渡辺はすでに日本で入手してあった一冊をパースに持参し，そこでサインをもらいました．その後，訳者二人が丸善出版を訪問して，本書の訳本の出版をもちかけました．丸善出版の企画・編集部の安部詩子さんには，本訳書の出版に関して，多大のご尽力をいただきました．また，工藤 岳さん（北海道大学），山中 勤さん・出川洋介さん（筑波大学）には，それぞれご専門の章に対してコメントをいただきました．もちろん翻訳の責任は二人の訳者にあります．山好きの人はもちろん，日本ではなじみの薄い「山岳研究」の導入本として，ぜひ多くの方に手に取っていただきたい一冊です．

2017 年 6 月

渡辺　悌二・上野　健一

索 引

あ 行

アグロツーリズム 128
アグロフォレストリー 81, 84
アジェンダ21 20, 158
アメリカマツノキクイムシ 151
アレート 33

イエローストーンからユーコンまで 121
維管束植物 92
移牧 64
イモ 7, 8

雲水 50
雲霧林 145

永久凍土 150
エコツーリズム 128
エスカー 33
越境景観 122
越境イニシアチブ 121, 122
越年雪渓 35
煙型雪崩 36

大型プロジェクト 53

温室効果 137

か 行

化学的風化 31
火山活動 30, 37
火山ハザードマップ 39
家畜 63, 64, 65, 70, 73, 116
カナート 49
カール 32, 35
灌漑 46

気候変化 20, 31, 38, 72, 136
気候モデル 143
給水塔 45
共同型管理 118
極端豪雨 38
霧 50

グレート・エスカープメント 28
グローバル化 130
GLORIA 142

景観（ランドスケープ） 16, 78, 81, 110, 113, 120, 129, 130, 136

懸谷 33

鉱山採掘 14
高山植生 141
高山ツンドラ 68, 69
降水 46
降水形態 48
鉱物 9, 17
鉱物採掘 41
鉱物資源 6
紅葉ツーリズム 74
国際山岳年（IYM） 21
国際自然保護連合 114
国際山の日 21
国立公園 79, 107, 108, 110, 111, 112, 115, 116, 122
国連環境計画 131
コスモス 60
コミュニティー 12, 54, 66, 76, 117, 156, 160
固有種 92, 148
混農林業（アグロフォレストリー） 81

さ 行

採掘 9, 10, 12, 13, 41
再生可能エネルギー 156
擦痕 32
山岳コミュニティー 136
山岳ツーリズム 70, 78, 128, 129, 130, 131, 133, 134, 135, 136

地すべり 36, 38, 77, 78, 81
自然災害 17, 35, 37, 56, 76, 77, 128, 151
自然保護区 79, 111
自然保護地域 107
持続可能な開発 121

持続可能な山の開発 20, 21
シナリオ 143
褶曲運動 30
狩猟区 111, 112
巡礼者 124
蒸発 46
植生垂直分布 63
食料 6, 7
食料安全保障 85
食料供給 17
食料生産 83, 85
人工雪 155
侵食 35
神聖な場所 125
神聖なる森林 112, 119
森林限界 71, 72, 73, 76
森林伐採 62, 76, 86

スイカ雪（赤雪） 67
水質汚染 11, 86, 124, 133
垂直分布帯 59, 60, 61, 62
水力発電 52
ステークホルダー 100, 117, 160

生物圏保存地域（BRs） 120, 121
生物多様性 17, 91, 112, 113, 116, 122
生物の多様性に関する条約（生物多様性条約；CBD） 22, 119
世界遺産条約 113
世界遺産リスト 113, 122
世界観光機関 131
世界自然遺産 113
世界水河モニタリングサービス 19
世界複合遺産 114, 125
世界文化遺産 113, 125

雪氷藻　67
先住民コミュニティー　118
先住民族・コミュニティー保全地域（ICCAs）　118
蘚苔類　68

相互作用　148
造山運動　27

た　行
断層運動　30
段々畑　81, 83, 84

地衣類　66, 68
地球サミット　20
貯水池　49

定義，山の　4
ティル　33
点発生雪崩　35

冬虫夏草　99
土壌侵食　62, 81, 84, 86, 133
トンプキンス，ダグラル　113

な　行
雪崩　35, 38, 70, 76, 77

人間と生物圏（MAB）プログラム　19

熱帯雲霧　73

農業　80
農畜林システム　66

は　行
剥ぎ取り　32
パッシブ・マージン（受動的縁部）　28
パートナーシップ型の管理　117
パートナーシップ制　109

ビューポイント　16
氷　河　48, 59
氷河湖決壊洪水（GLOF）　57
氷河モニタリング　138
ヒル・ステーション　126
貧困軽減　75

ファラジ　49
風　化　30, 35
風　食　34
富士山　125
物理的風化　30
物理的風化作用　31
プレート・テクトニクス　26, 27
文化的重要性　14, 17
文化的ヘリテージ　107
文化の多様性　101
フンボルト，アレクサンダー・フォン　59

方　言　102
宝　石　6, 13, 17
放　牧　83
保護地域　18, 107, 108, 112, 115, 117, 120, 122
ホットスポット　91
ポルブセン，アンダース・ホルヒ　113

ま　行
迷子石　33
摩　耗　32

索　引　　175

水の供給塔　17
ミレニアム生態系評価（MEA）
　　22

面発生雪崩　35

もぎ取り作用　32
モレーン　33

や 行
山火事　151

U字谷　33
遊牧的家畜飼育　64

ユネスコの人間と生物圏（MAB）
　　計画　120

ら 行
落　石　35, 76

リオ＋20　23
流　出　47

ロザリーエッジ　112
ロッシュムトネ（羊背岩）　32

わ 行
ワキール　54

原著者紹介
Martin F. Price（マーティン・F・プライス）
スコットランド・ハイランド／アイランド大学パース校・山岳研究センター所長，ユネスコチェア「持続可能な山岳開発」・チェアホルダー．PhD．著書に Mountain Geography (University of California Press, 2013, 共著) など多数．

訳者紹介
渡辺 悌二（わたなべ ていじ）
1959年北海道生まれ．北海道大学地球環境科学研究院教授．PhD．専門は地理学．著書に『登山道の保全と管理』(古今書院，2008，編著), Mapping Transition in the Pamirs (Springer, 2016, 共編著) など．

上野 健一（うえの けんいち）
1963年東京都生まれ．筑波大学生命環境系・地球環境科学専攻准教授．理学博士．専門は気候学・気象学．著書に『地球学調査・解析の基礎』(古今書院，2011，編著) など．

サイエンス・パレット 034
山岳

平成 29 年 7 月 31 日　発　行

訳　者　　渡　辺　悌　二
　　　　　上　野　健　一

発行者　　池　田　和　博

発行所　　丸善出版株式会社
〒101-0051　東京都千代田区神田神保町二丁目17番
編集：電話(03)3512-3264／FAX(03)3512-3272
営業：電話(03)3512-3256／FAX(03)3512-3270
http://pub.maruzen.co.jp/

ⓒ Teiji Watanabe, Kenichi Ueno, 2017

組版印刷・製本／大日本印刷株式会社

ISBN 978-4-621-30172-2　C 0344　　　　Printed in Japan

本書の無断複写は著作権法上での例外を除き禁じられています．